W0267902

Über den Zusammenhang der additiven Inhalts- und Maßtheorien

Von

K. Mayrhofer (Goisern)

Wirkl. Mitglied der Österreichischen Akademie der Wissenschaften

Aus den
Sitzungsberichten der Österreichischen Akademie der Wissenschaften
Mathem.-naturw. Klasse, Abteilung IIa, 158. Bd., 1.—5. Heft, 1950

*Gedruckt aus Mitteln
des Vereins der Freunde der Österreichischen Akademie
der Wissenschaften in Wien*

Springer-Verlag Wien GmbH 1950

ISBN 978-3-7091-3961-5 ISBN 978-3-7091-3960-8 (eBook)
DOI 10.1007/978-3-7091-3960-8

Über den Zusammenhang der additiven Inhalts- und Maßtheorien

Von

Karl Mayrhofer (Goisern)

Gedruckt aus Mitteln des Vereins der Freunde der Österreichischen Akademie der Wissenschaften in Wien

(Vorgelegt in der Sitzung am 28. April 1949)

Die Theorie der additiven Maße wurde von zwei verschiedenen Seiten entwickelt: das eine Mal bildet das (axiomatisch erklärte) „Maß" den Ausgangspunkt[1], das andere Mal das „äußere" oder auch das „innere Maß"[2]. Es ist eine naheliegende Aufgabe, diese Theorien untereinander zu verbinden und zugleich die Verallgemeinerung auf Inhalte einzubeziehen. Zu dieser Verallgemeinerung gibt auch das Verhalten der „inneren Inhalte" Anlaß, deren Summenungleichung stets für abzählbar viele Summanden gilt, so daß also hierin zwischen einem inneren Inhalt und einem inneren Maß überhaupt nicht unterschieden werden kann. Einige Sätze zu dieser Aufgabe habe ich bereits an anderer Stelle angegeben[3]. Die vorliegende Abhandlung bringt weitere Ergebnisse auf Grund einer systematischen Untersuchung. Es entsteht so eine in sich geschlossene Theorie, die u. a. die Rosenthalsche Charakterisierung[4] der inneren Maße, die zu den regulären äußeren Maßen Carathéodorys gehören, neuerdings liefert, ferner die Sätze von H. Hahn über die Erweiterung eines total-additiven Inhalts zu einem vollständigen Maße[5].

---

[1] S. etwa O. Haupt-G. Aumann, Differential- und Integralrechnung, Berlin 1938, Bd. III, Abschn. I.

[2] C. Carathéodory, Vorlesungen über reelle Funktionen, Leipzig und Berlin 1918, Kap. V, VI. Ferner H. Hahn, Theorie der reellen Funktionen, Berlin 1921, Kap. V, § 5–8.

[3] K. Mayrhofer, Über vollständige Maße, Monatsh. f. Math. 52 (1948), S. 217—29. — Diese Arbeit wird im Folgenden mit M zitiert.

[4] A. Rosenthal, Beiträge zu Carathéodorys Meßbarkeitstheorie, Nachr. Ges. Wiss. Göttingen 1916, S. 305—21.

[5] H. Hahn, Über die Multiplikation total-additiver Mengenfunktionen, Ann. di Pisa (2) 2 (1933), S. 429—52.

§ 1. Additive Inhalte

1. Inhalte. Eine eindeutige reelle Mengenfunktion $i(\mathfrak{A}) = i$ (die endliche sowie unendliche Werte annehmen kann) heißt eine (*additive*) *Inhaltsfunktion* oder ein (*additiver*) *Inhalt*, wenn sie die folgenden Forderungen erfüllt:

I. *Der Definitionsbereich* $\varkappa$ *ist ein Mengenkörper.*

II. *Es ist* $i \geqq 0$, *ferner* $i(0) = 0$.

III. *Für je zwei fremde Mengen* $\mathfrak{A}$, $\mathfrak{B}$ *aus* $\varkappa$ *gilt*

$$i(\mathfrak{A} + \mathfrak{B}) = i(\mathfrak{A}) + i(\mathfrak{B}); \tag{1}$$

dafür sagt man auch, i sei *additiv*.

Die Mengen aus $\varkappa$ heißen die *i-meßbaren* oder einfach die *meßbaren Mengen*. Ist $i(\mathfrak{A}) = 0$, so heißt $\mathfrak{A}$ eine *i-Nullmenge* oder einfach eine *Nullmenge*.

Während (1) sofort auf endlich viele getrennte Mengen aus $\varkappa$ erweitert werden kann, braucht die Erweiterung auf abzählbar viele nicht mehr möglich zu sein[6]. Ist sie jedoch möglich, so *heißt i volladditiv* (oder *total-additiv*). An Stelle von III tritt also jetzt

III′. *Für je abzählbar viele getrennte* $\mathfrak{A}_\lambda \in \varkappa$, *deren Summe zu* $\varkappa$ *gehört, ist*

$$i\left(\sum_\lambda \mathfrak{A}_\lambda\right) = \sum_\lambda i(\mathfrak{A}_\lambda).$$

Schließlich heißt ein volladditiver Inhalt eine (*additive*) *Maßfunktion* oder ein (*additives*) *Maß*, wenn an Stelle von I die Forderung I′ tritt:

I′. *Der Definitionsbereich* $\varkappa_\sigma$ *ist ein* σ*-Körper.*

Ein Maß $m(\mathfrak{A}) = m$ ist also durch I′, II, III′ mit $i = m$ gekennzeichnet; dabei braucht in III′ nicht mehr eigens verlangt zu werden, daß $\sum_\lambda \mathfrak{A}_\lambda$ zu $\varkappa_\sigma$ gehöre[7].

---

[6] Siehe etwa das Beispiel bei O. Haupt-G. Aumann [1], S. 10.

[7] Bezüglich der im Folgenden benützten Eigenschaften der Inhalte und Maße s. O. Haupt-G. Aumann [1], I. Abschn.

Zu einem Inhalt i gehören zwei weitere Mengenfunktionen $\bar{i}(\mathfrak{M}) = \bar{i}$ und $\underline{i}(\mathfrak{M}) = \underline{i}$, welche die *Außen-* bzw. *Innenfunktion von* i heißen sollen[8]. Diese Funktionen sind für jeden Teil $\mathfrak{M}$ einer jeden Menge $\mathfrak{A} \in \varkappa$ so definiert:

$$\bar{i}(\mathfrak{M}) = \inf\, i(\bar{\mathfrak{A}}),\quad \underline{i}(\mathfrak{M}) = \sup\, i(\underline{\mathfrak{A}}); \tag{2}$$

dabei hat $\bar{\mathfrak{A}}$ alle i-meßbaren Obermengen von $\mathfrak{M}$ und $\underline{\mathfrak{A}}$ alle i-meßbaren Teilmengen zu durchlaufen. Sichtlich ist stets

$$\underline{i}(\mathfrak{M}) \leqq \bar{i}(\mathfrak{M}),$$

ferner

$$\underline{i}(\mathfrak{M}) = \bar{i}(\mathfrak{M}) = i(\mathfrak{M}) \text{ für } \mathfrak{M} \in \varkappa. \tag{3}$$

$\bar{i}$ und $\underline{i}$ haben die folgenden Grundeigenschaften:

a) *Der gemeinsame Definitionsbereich* Λ *ist ein Mengenkörper. Ist* $\varkappa$ *insbesondere geschlossen, so besteht* Λ *aus allen Teilen der größten Menge* $\mathfrak{R}$ *von* $\varkappa$. *Ist* i *ein Maß, so wird* $\Lambda = \Lambda_\sigma$ *ein* σ*-Körper.*

b) *Es ist* $\bar{i} \geqq 0$, *ferner* $\bar{i}(0) = 0$. *Dasselbe gilt für* $\underline{i}$.

c) $\bar{i}$ *ist eine ansteigende Mengenfunktion: aus* $\mathfrak{L} \subset \mathfrak{M}$ $(\mathfrak{L}, \mathfrak{M} \in \Lambda)$ *folgt* $\bar{i}(\mathfrak{L}) \leqq \bar{i}(\mathfrak{M})$. *Dasselbe gilt für* $\underline{i}$.

d) *Für je zwei Mengen* $\mathfrak{L}$, $\mathfrak{M}$ *aus* Λ *gilt die Summenungleichung*

$$\bar{i}(\mathfrak{L} + \mathfrak{M}) \leqq \bar{i}(\mathfrak{L}) + \bar{i}(\mathfrak{M})\text{[9]}. \tag{4}$$

Während (4) sofort auf endlich viele Mengen aus Λ erweitert werden kann, braucht die Erweiterung auf abzählbar viele nicht mehr möglich zu sein[10]. Sie ist jedoch möglich, falls i ein Maß m ist: *in diesem Falle gilt also für je abzählbar viele* $\mathfrak{M}_\lambda \in \Lambda_\sigma$

$$\bar{m}\Big(\sum_\lambda \mathfrak{M}_\lambda\Big) \leqq \sum_\lambda \bar{m}(\mathfrak{M}_\lambda)\text{[9]}. \tag{5}$$

---

[8] Die sonst übliche Bezeichnung „äußerer", bzw. „innerer Inhalt" wird in anderem Sinne verwendet werden (s. **3**, **9**).

[9] Sind nämlich $\mathfrak{A}, \mathfrak{B}$ meßbare Obermengen von $\mathfrak{L}$, bzw. $\mathfrak{M}$, so ist wegen $\mathfrak{L} + \mathfrak{M} \subset \mathfrak{A} + \mathfrak{B}$

$$\bar{i}(\mathfrak{L} + \mathfrak{M}) \leqq i(\mathfrak{A} + \mathfrak{B}) \leqq i(\mathfrak{A}) + i(\mathfrak{B}).$$

Geht man rechts zur unteren Grenze über, so entsteht (4). — Analog beweist man (5) und (6).

Weiters gilt für je zwei fremde Mengen $\mathfrak{L}$, $\mathfrak{M}$ aus Λ die Summenungleichung

$$\underline{i}(\mathfrak{L}+\mathfrak{M}) \geqq \underline{i}(\mathfrak{L}) + \underline{i}(\mathfrak{M}) \tag{6}$$ [9].

Im Gegensatz zu $\bar{i}$ kann die Summenungleichung für $\underline{i}$ stets auf abzählbar viele Mengen erweitert werden: *für je abzählbar viele getrennte $\mathfrak{M}_\lambda$, die samt ihrer Summe zu Λ gehören, ist*

$$\underline{i}\left(\sum_\lambda \mathfrak{M}_\lambda\right) \geqq \sum_\lambda \underline{i}\,(\mathfrak{M}_\lambda) \tag{7}$$ [11].

Neben diesen Grundeigenschaften werde ich die folgenden Regeln verwenden: α) *Zerlegt man die i-meßbare Menge $\mathfrak{A}$ in zwei fremde Teile $\mathfrak{M}_1$, $\mathfrak{M}_2$, so gilt*

$$i(\mathfrak{A}) = \bar{i}(\mathfrak{M}_1) + \underline{i}(\mathfrak{M}_2) \tag{8}$$ [12].

β) *Ist $\mathfrak{A}$ i-meßbar und $\mathfrak{M} \varepsilon \Lambda$ zu $\mathfrak{A}$ fremd, so gilt*

$$\bar{i}(\mathfrak{A}+\mathfrak{M}) = i(\mathfrak{A}) + \bar{i}(\mathfrak{M}), \tag{9}$$

$$\underline{i}(\mathfrak{A}+\mathfrak{M}) = i(\mathfrak{A}) + \underline{i}(\mathfrak{M}) \tag{10}$$ [13].

Ein Inhalt i heißt *vollständig*, wenn jede Menge (des Grundbereiches), die sich zwischen zwei i-meßbaren Mengen von be-

---

[10] Um dies zu sehen, braucht man für i nur den Jordanschen Inhalt des $\mathfrak{R}_1$ zu wählen und die Mengen, die aus den einzelnen rationalen Punkten bestehen, zu betrachten.

[11] Man bestätigt nämlich durch Induktion, daß (7) zunächst für je endlich viele $\mathfrak{M}_\lambda$ gilt. Damit ergibt sich bei unendlich vielen $\mathfrak{M}_\lambda$ wegen c)

$$\underline{i}(\sum_\lambda \mathfrak{M}_\lambda) \geqq \underline{i}(\sum_{\lambda=1}^{l} \mathfrak{M}_\lambda) \geqq \sum_{\lambda=1}^{l} \underline{i}(\mathfrak{M}_\lambda).$$

Hieraus folgt aber (7), indem man rechts den Limes für $l \to \infty$ bildet.

[12] Dies beweist man wie M 1 (5). An Stelle des Maßes m tritt jetzt durchwegs der Inhalt i.

[13] Die Gleichung (9) erhält man so: Für eine beliebige meßbare Obermenge $\mathfrak{C}$ von $\mathfrak{A}+\mathfrak{M}$ ist

$$i(\mathfrak{C}) = i[\mathfrak{A} + (\mathfrak{C} - \mathfrak{A})] = i(\mathfrak{A}) + i(\mathfrak{C} - \mathfrak{A}) \geqq i(\mathfrak{A}) + \bar{i}(\mathfrak{M}).$$

Hieraus folgt $\bar{i}(\mathfrak{A}+\mathfrak{M}) \geqq i(\mathfrak{A}) + \bar{i}(\mathfrak{M})$. Da nach (4) auch die entgegengesetzte Beziehung gilt, muß (9) gelten.

Ähnlich gewinnt man (10): Für eine beliebige meßbare Teilmenge $\mathfrak{C}$ von $\mathfrak{A}+\mathfrak{M}$ ist

$$i(\mathfrak{C}) = i[\mathfrak{C}\mathfrak{A} + (\mathfrak{C} - \mathfrak{A})] = i(\mathfrak{C}\mathfrak{A}) + i(\mathfrak{C} - \mathfrak{A}) \leqq i(\mathfrak{A}) + \underline{i}(\mathfrak{M}).$$

Hieraus folgt $\underline{i}(\mathfrak{A}+\mathfrak{M}) \leqq i(\mathfrak{A}) + \underline{i}(\mathfrak{M})$. Da nach (6) auch die entgegengesetzte Beziehung gilt, muß (10) gelten.

liebig inhaltskleiner Differenz einschließen läßt, selber meßbar ist. — Z. B. sind der Jordansche Inhalt sowie das Lebesguesche Maß des $\mathfrak{R}_n$ vollständig.

Falls i vollständig ist, folgt aus $\bar{i}(\mathfrak{M}) = 0$ sichtlich die Meßbarkeit von $\mathfrak{M}$.

Ist insbesondere $i = m$ ein Maß, so kann die Vollständigkeit auch durch jede der beiden folgenden Aussagen gekennzeichnet werden[14]:

1. *Die Teile einer jeden m-Nullmenge sind meßbar.*
2. *Jede Menge $\mathfrak{M}$ mit $\bar{m}(\mathfrak{M}) = 0$ ist meßbar.*

Nun können die beiden folgenden Kriterien für die Meßbarkeit eingeführt werden:

Satz 1. Für die Meßbarkeit einer Menge $\mathfrak{M} \in \Lambda$ bezüglich irgendeines Inhalts i ist notwendig, daß

$$\underline{i}(\mathfrak{M}) = \bar{i}(\mathfrak{M}) \tag{11}$$

gilt. Dies ist hinreichend, falls i vollständig und $\bar{i}(\mathfrak{M})$ endlich ist.

Der erste Teil dieses Satzes gilt wegen (3), der zweite wird ebenso wie für ein Maß bewiesen (s. M, Satz 1)[15].

Satz 2. Es sei i vollständig. Ist eine Menge $\mathfrak{A}$ endlichen Inhalts in die fremden Teile $\mathfrak{M}_1$, $\mathfrak{M}_2$ so zerlegt, daß

$$i(\mathfrak{A}) = \bar{i}(\mathfrak{M}_1) + \bar{i}(\mathfrak{M}_2) \tag{12}$$

oder

$$i(\mathfrak{A}) = \underline{i}(\mathfrak{M}_1) + \underline{i}(\mathfrak{M}_2) \tag{13}$$

gilt, so sind $\mathfrak{M}_1$, $\mathfrak{M}_2$ meßbar.

Aus (12) sowie aus (13) folgt nämlich wegen (8), daß $\underline{i}(\mathfrak{M}_1) = \bar{i}(\mathfrak{M}_1)$ ist, und hieraus nach Satz 1 die Meßbarkeit von $\mathfrak{M}_1$ (und damit die von $\mathfrak{M}_2$).

Von einem Inhalte i werde gesagt, er habe die *Schnitteigenschaft*, wenn es zu jeder nicht meßbaren Menge $\mathfrak{M} \in \Lambda$ eine meßbare Menge $\mathfrak{A}$ endlichen Inhalts gibt, so daß der Durchschnitt $\mathfrak{A}\mathfrak{M}$ nicht meßbar ist.

---

[14] Siehe M [5].

[15] Man beweist leicht: *Folgt bei einem endlichen Inhalt i aus* (11) *stets die Meßbarkeit von $\mathfrak{M}$, so muß i vollständig sein.*

Für ein Maß ausgesprochen, stimmt dies mit M **1** V überein.

Ferner werde gesagt, i habe die *Teileigenschaft*, wenn es zu jeder nicht meßbaren Menge $\mathfrak{M} \in A$ eine meßbare Menge $\mathfrak{A}$ (endlichen oder unendlichen Inhalts gibt), so daß $\mathfrak{A}\mathfrak{M}$ (und damit $\mathfrak{A} - \mathfrak{M}$) nicht meßbar und zugleich $\underline{i}(\mathfrak{A}\mathfrak{M})$ sowie $\underline{i}(\mathfrak{A} - \mathfrak{M})$ endlich ist.

Sichtlich zieht die Schnitteigenschaft stets die Teileigenschaft nach sich. Daß das Umgekehrte nicht gilt, selbst bei Beschränkung auf vollständige Maße, zeigt M **1**, Beisp. 3: das dort angegebene vollständige Maß m hat zwar die Teileigenschaft, aber nicht die Schnitteigenschaft.

Ein vollständiges Maß mit der Schnitteigenschaft ist in M **1**, Beisp. 2, konstruiert. *Weiters hat der Jordansche Inhalt des $\mathfrak{R}_n$ diese Eigenschaft.* Dies folgt daraus, daß eine Punktmenge $\mathfrak{M}$ des $\mathfrak{R}_n$ quadrierber ist, wenn ihre Teile $\mathfrak{M}_\lambda$ quadrierbar sind, die auf den (etwa halbabgeschlossenen) Würfeln $\mathfrak{w}_\lambda$ eines Gitters des $\mathfrak{R}_n$ liegen[16]. Ist also $\mathfrak{M}$ nicht quadrierbar, so muß dies auch von einem der Teile $\mathfrak{M}_\lambda = \mathfrak{w}_\lambda \mathfrak{M}$ gelten. Der entsprechende Würfel $\mathfrak{w}_\lambda$ ist dann eine Menge $\mathfrak{A}$, wie es die Schnitteigenschaft verlangt.

Wegen des vorhin erwähnten Beispiels 3 in M **1** *gibt es vollständige Maße ohne die Schnitteigenschaft* (wie bereits in M Satz 3 vermerkt ist). Weiters belegt das unten angegebene Beispiel 1 den

Satz 3. *Es gibt vollständige Inhalte ohne die Teileigenschaft.*

Beispiel 1. Um zu Inhalten der in Satz 3 genannten Art zu gelangen, konstruiere ich zunächst einen geeigneten Körper $\varkappa$ aus Teilmengen von $\{1, 2, \ldots\}$. Dabei werde zur Abkürzung die Folge $l, l+1, \ldots$ mit $\alpha_l (l = 1, 2, \ldots)$ bezeichnet und z. B. $\{2\} = \mathfrak{A}_2$, $\{1, 2\} = \mathfrak{A}_{12}$, $\{1, 3, 4, \ldots\} = \mathfrak{A}_{1\alpha_3}$ gesetzt. Den Körper $\varkappa$ liefert nun das folgende Verfahren.

Man geht vom Körper $\varkappa_2$ aus, der aus den Mengen

$$(14) \qquad 0, \ \mathfrak{A}_2, \ \mathfrak{A}_{1\alpha_3}, \ \mathfrak{A}_{12\alpha_3}$$

besteht. Dann wird zu $\varkappa_2$ die Menge $\mathfrak{A}_3$ hinzugenommen und das entstandene System zum kleinsten Körper $\varkappa_3$ erweitert.

[16] Siehe O. Haupt-G. Aumann [1], S. 28 c).

Dieser besteht also aus den Mengen (14) und aus

$$\mathfrak{A}_3,\ \mathfrak{A}_{23},\ \mathfrak{A}_{1\alpha_4},\ \mathfrak{A}_{12\alpha_4}. \tag{15}$$

Die Mengen (15) entstehen, indem man zu den einzelnen Mengen von $\varkappa_2$ die Menge $\mathfrak{A}_3$ addiert sowie subtrahiert. Nun wird zu $\varkappa_3$ die Menge $\mathfrak{A}_4$ hinzugenommen und das entstandene System zum kleinsten Körper $\varkappa_4$ erweitert. Dieser besteht also aus den Mengen (14), (15) und aus

$$\mathfrak{A}_4,\ \mathfrak{A}_{24},\ \mathfrak{A}_{34},\ \mathfrak{A}_{234},\ \mathfrak{A}_{13\alpha_5},\ \mathfrak{A}_{123\alpha_5},\ \mathfrak{A}_{1\alpha_5},\ \mathfrak{A}_{12\alpha_5}. \tag{16}$$

Die Mengen (16) entstehen analog wie eben die Mengen (15): man hat zu den einzelnen Mengen aus $\varkappa_3$ die Menge $\mathfrak{A}_4$ zu addieren sowie zu subtrahieren. Fährt man auf diese Weise fort, so entsteht eine ansteigende Folge von Körpern $\varkappa_2, \varkappa_3, \ldots$, deren Vereinigung ein Körper $\varkappa$ ist. Dieser enthält insbesondere $\mathfrak{A}_2, \mathfrak{A}_3, \ldots$, ferner $\mathfrak{A}_{\alpha_1}$ als größte Menge, jedoch nicht $\mathfrak{A}_1$. Da somit $\mathfrak{A}_{\alpha_2} = \mathfrak{A}_{\alpha_1} - \mathfrak{A}_1$ nicht zu $\varkappa$ gehört, ist $\varkappa$ kein σ-Körper[17].

Setzt man für $\mathfrak{A} \in \varkappa$

$$i(\mathfrak{A}) = \begin{cases} 0, & \text{falls } \mathfrak{A} = 0, \\ \infty, & \text{,, } \mathfrak{A} \neq 0, \end{cases}$$

so ist auf $\varkappa$ ein Inhalt erklärt, der sichtlich vollständig ist. Seine Innenfunktion ist

$$\underline{i}(\mathfrak{M}) = \begin{cases} 0, & \text{falls } \mathfrak{M} = 0 \text{ oder } \mathfrak{A}_1, \\ \infty & \text{für jedes andere } \mathfrak{M} \in \mathfrak{A}_{\alpha_1}. \end{cases}$$

Bildet man nun für eine gewählte nicht meßbare Menge $\mathfrak{M}$ und eine beliebige meßbare Menge $\mathfrak{A}$ die Teile $\mathfrak{A}\,\mathfrak{M}$ und $\mathfrak{A} - \mathfrak{M}$, so kann höchstens einer dieser Teile zugleich nicht meßbar und von endlichem inneren Inhalt sein (nämlich dann, wenn $\mathfrak{A}_1$ als Teil auftritt). *Es ist also i ein vollständiger Inhalt ohne die Teileigenschaft*[18].

[17] Der kleinste σ-Körper über $\varkappa$ besteht bereits aus allen Teilmengen von $\{1, 2, \ldots\}$, da er $\mathfrak{A}_{\alpha_2}$ und damit neben $\mathfrak{A}_2, \mathfrak{A}_3, \ldots$ auch $\mathfrak{A}_1 = \mathfrak{A}_{\alpha_1} - \mathfrak{A}_{\alpha_2}$ enthält.

[18] Betrachtet man i nur auf dem Körper $\varkappa_2$, so liegt auch ein vollständiger Inhalt vor (der insbesondere ein Maß ist). Dieser Inhalt hat aber die Teileigenschaft. Ist nämlich $\mathfrak{M}$ irgendein nicht zu $\varkappa_2$ gehöriger Teil von $\mathfrak{A}_{12\alpha_3}$, so sind $\mathfrak{A}_{1\alpha_3}\mathfrak{M}$ und $\mathfrak{A}_{1\alpha_3} - \mathfrak{M}$ nie meßbar und stets vom inneren Inhalte 0. Somit ist $\mathfrak{A}_{1\alpha_3}$ für jede nicht meßbare Menge $\mathfrak{M}$ eine Menge $\mathfrak{A}$, wie es die Teileigenschaft verlangt. Dagegen kann der jetzige Inhalt die Schnitt-

Es ist leicht, i zu einem vollständigen Inhalt ohne die Teileigenschaft zu erweitern, der endliche Werte $\neq 0$ annimmt. Soll ein endlicher Wert, etwa 1, auftreten, so hat man nur zu $\varkappa$ die Menge $\mathfrak{A}_\omega$ aus dem einen, von $1, 2, \ldots$ verschiedenen Element ω hinzuzunehmen und zum kleinsten Körper $\varkappa'$ zu erweitern. Dies geschieht, indem man zu $\varkappa$ die Mengen hinzufügt, die aus den Mengen von $\varkappa$ durch Addition von $\mathfrak{A}_\omega$ entstehen. Sodann ist $i(\mathfrak{A}_\omega) = 1$ und für die übrigen neuen Mengen $i(\mathfrak{A}) = \infty$ zu setzen. Sichtlich ist i auf $\varkappa'$ zunächst ein vollständiger Inhalt, der die Werte 0, 1, ∞ annimmt. Seine Innenfunktion $\underline{i}$ ist stets ∞, ausgenommen $\underline{i}(0) = 0$, $\underline{i}(\mathfrak{A}_1) = 0$, $\underline{i}(\mathfrak{A}_\omega) = 1$, $\underline{i}(\mathfrak{A}_{1\omega}) = 1$. Da also die einzigen nicht meßbaren Mengen mit endlichem $\underline{i}$, nämlich $\mathfrak{A}_1$, $\mathfrak{A}_{1\omega}$, nicht fremd sind, *kann i die Teileigenschaft nicht besitzen.*

Durch Wiederholung dieses Verfahrens *kann man zu vollständigen Inhalten ohne die Teileigenschaft gelangen, die endlich oder auch unendlich viele endliche Werte annehmen.*

Schließlich werde von einem Inhalt i gesagt, er habe die *Zerlegungseigenschaft*, wenn jede i-meßbare Menge als Summe abzählbar vieler (getrennter) meßbarer Teile endlichen Inhalts dargestellt werden kann. — Z. B. haben der Jordansche Inhalt sowie das Lebesguesche Maß des $\mathfrak{R}_n$ die Zerlegungseigenschaft.

Bei einem Maße folgt aus der Zerlegungseigenschaft stets die Schnitteigenschaft (s. M, S. 224/5). Daß das Umgekehrte nicht gilt, zeigt etwa das (vollständige) Maß m in M **1**, Beisp. 2.

2. Charathéodory-Bedingungen. Es liege irgendein Inhalt i zugrunde. Gilt für eine Menge $\mathfrak{M} \in \Lambda$

$$\bar{i}(\mathfrak{L}) = \bar{i}(\mathfrak{L}\mathfrak{M}) + \bar{i}(\mathfrak{L} - \mathfrak{M}) \tag{1}$$

oder

$$\underline{i}(\mathfrak{L}) = \underline{i}(\mathfrak{L}\mathfrak{M}) + \underline{i}(\mathfrak{L} - \mathfrak{M}) \tag{2}$$

für alle $\mathfrak{L}$ aus irgendeinem Teilsystem σ von Λ, so werde ge-

eigenschaft nicht haben. — Entsprechendes gilt, wenn i auf einem der Körper $\varkappa_3, \varkappa_4, \ldots$ betrachtet wird. Die Rolle von $\mathfrak{A}_{1\alpha_3}$ übernimmt bzw. $\mathfrak{A}_{1\alpha_4}$, $\mathfrak{A}_{1\alpha_5}, \ldots$.

sagt, daß $\mathfrak{M}$ eine *Carathéodory-Bedingung* erfülle[19]. Wegen **1** (4) ist (1) stets richtig, falls $\bar{i}(\mathfrak{L}) = \infty$ ist. Dagegen braucht das Entsprechende für (2) nicht zu gelten, wie etwa das in M 1, Beisp. 3, angegebene Maß m zeigt: für $\mathfrak{L} = \mathfrak{A}_{23}$, $\mathfrak{M} = \mathfrak{A}_2$, wird

$$(3) \qquad \underline{m}(\mathfrak{L}) = \infty, \quad \underline{m}(\mathfrak{L}\mathfrak{M}) + \underline{m}(\mathfrak{L} - \mathfrak{M}) = 0.$$

Satz 4. *Für die Meßbarkeit einer Menge $\mathfrak{M} \in \Lambda$ bezüglich irgendeines Inhalts i ist notwendig, daß $\mathfrak{M}$ die Bedingungen* (1) *und* (2) *für jedes $\mathfrak{L} \in \Lambda$ erfüllt.*

Die Notwendigkeit von (1) wird ebenso wie bei einem Maße bewiesen (s. M, S. 220), die von (2) zeigt man analog[20].

Es soll nun untersucht werden, wie weit eine Carathéodory-Bedingung für die Meßbarkeit von $\mathfrak{M}$ hinreicht. — Hierzu zeige ich zunächst den

Satz 5. *Folgt aus der Gültigkeit von* (1) *oder der von* (2) *für alle $\mathfrak{L}$ aus irgendeinem Teilsystem σ von Λ stets die Meßbarkeit von $\mathfrak{M}$, so ist der betrachtete Inhalt i vollständig.*

Beweis. Es sei jede Menge $\mathfrak{M}$, für die (1) für alle $\mathfrak{L} \in \sigma$ gilt, meßbar. Man hat zu zeigen, daß auch jede Menge $\mathfrak{M}$ meßbar ist, für die es zu jedem $\varepsilon > 0$ meßbare Mengen $\underline{\mathfrak{A}}_\varepsilon = \underline{\mathfrak{A}}$, $\bar{\mathfrak{A}}_\varepsilon = \bar{\mathfrak{A}}$ gibt, so daß

$$(4) \qquad \underline{\mathfrak{A}} \subset \mathfrak{M} \subset \bar{\mathfrak{A}}, \quad i(\bar{\mathfrak{A}} - \underline{\mathfrak{A}}) < \varepsilon$$

ist. Hierzu beweise ich, daß eine solche Menge $\mathfrak{M}$ die Gleichung (1) bei beliebigem $\mathfrak{L} \in \sigma$ erfüllt.

Wegen der Meßbarkeit von $\underline{\mathfrak{A}}$, $\bar{\mathfrak{A}}$ ist nach Satz 4 für jedes $\mathfrak{L} \in \sigma$

$$(5) \qquad \bar{i}(\mathfrak{L}) = \bar{i}(\mathfrak{L}\underline{\mathfrak{A}}) + \bar{i}(\mathfrak{L} - \underline{\mathfrak{A}}), \quad \bar{i}(\mathfrak{L}) = \bar{i}(\mathfrak{L}\bar{\mathfrak{A}}) + \bar{i}(\mathfrak{L} - \bar{\mathfrak{A}}).$$

Ferner gilt

$$(6) \qquad \bar{i}(\mathfrak{L}\underline{\mathfrak{A}}) + \bar{i}(\mathfrak{L} - \bar{\mathfrak{A}}) \leqq \bar{i}(\mathfrak{L}\mathfrak{M}) + \bar{i}(\mathfrak{L} - \mathfrak{M}) \leqq \bar{i}(\mathfrak{L}\bar{\mathfrak{A}}) + \bar{i}(\mathfrak{L} - \underline{\mathfrak{A}}).$$

---

[19] Mittels einer Bedingung der Form (1) hat C. Carathéodory in seiner Maßtheorie die Meßbarkeit definiert[2]; S. 246. Die entsprechende Rolle spielt (2) bei der Begründung dieser Theorie durch A. Rosenthal[4].

[20] Nämlich: Sei $\mathfrak{M}$ meßbar. Mit einer zu $\mathfrak{M}$ fremden, meßbaren Obermenge $\mathfrak{N}$ von $\mathfrak{L} - \mathfrak{M}$ gilt dann für jeden meßbaren Teil $\mathfrak{A}$ von $\mathfrak{L}$

$$i(\mathfrak{A}) = i[\mathfrak{A}(\mathfrak{M} + \mathfrak{N})] = i(\mathfrak{A}\mathfrak{M}) + i(\mathfrak{A}\mathfrak{N}) \leqq \underline{i}(\mathfrak{L}\mathfrak{M}) + \underline{i}(\mathfrak{L} - \mathfrak{M}).$$

Hieraus folgt $\underline{i}(\mathfrak{L}) \leqq \underline{i}(\mathfrak{L}\mathfrak{M}) + \underline{i}(\mathfrak{L} - \mathfrak{M})$. Da nach **1** (6) auch die entgegengesetzte Beziehung gilt, muß (2) gelten.

Setzt man zur Abkürzung $\overline{\mathfrak{A}} - \underline{\mathfrak{A}} = \mathfrak{a}$, so hat man

$$\mathfrak{L}\underline{\mathfrak{A}} = \mathfrak{L}\overline{\mathfrak{A}} - \mathfrak{a}, \quad \mathfrak{L}\overline{\mathfrak{A}} \subset \mathfrak{L}\underline{\mathfrak{A}} + \mathfrak{a};$$

beachtet man daneben **1** (9), so ergibt sich

$$\bar{i}(\mathfrak{L}\underline{\mathfrak{A}}) = \bar{i}(\mathfrak{L}\underline{\mathfrak{A}} + \mathfrak{a}) - i(\mathfrak{a}) = \bar{i}(\mathfrak{L}\overline{\mathfrak{A}} + \mathfrak{a}) - i(\mathfrak{a}) \geqq \bar{i}(\mathfrak{L}\overline{\mathfrak{A}}) - i(\mathfrak{a}),$$

$$\bar{i}(\mathfrak{L}\overline{\mathfrak{A}}) \leqq \bar{i}(\mathfrak{L}\underline{\mathfrak{A}} + \mathfrak{a}) = \bar{i}(\mathfrak{L}\underline{\mathfrak{A}}) + i(\mathfrak{a}).$$

Hieraus folgt wegen (4)

$$\bar{i}(\mathfrak{L}\underline{\mathfrak{A}}) \geqq \bar{i}(\mathfrak{L}\overline{\mathfrak{A}}) - \varepsilon, \quad \bar{i}(\mathfrak{L}\overline{\mathfrak{A}}) \leqq \bar{i}(\mathfrak{L}\underline{\mathfrak{A}}) + \varepsilon.$$

Schätzt man damit die linke Seite von (6) nach unten und die rechte nach oben ab und beachtet man sodann (5), so entsteht

$$\bar{i}(\mathfrak{L}) - \varepsilon \leqq \bar{i}(\mathfrak{L}\mathfrak{M}) + \bar{i}(\mathfrak{L} - \mathfrak{M}) \leqq \bar{i}(\mathfrak{L}) + \varepsilon.$$

Hieraus folgt aber die zu beweisende Gleichung (1). Analog schließt man bei (2).

Soll also aus einer Carathéodory-Bedingung die Meßbarkeit von $\mathfrak{M}$ folgen, so muß i vollständig sein. Darüber hinaus wird sich ergeben, daß auch die vollständigen Inhalte noch einzuschränken sind: im Falle einer Bedingung (1) muß der Inhalt zumindest die Schnitteigenschaft haben und im Falle einer Bedingung (2) zumindest die Teileigenschaft (s. Satz 6, bzw. 8).

Satz 6. *Folgt aus der Gültigkeit von* (1) *für alle* $\mathfrak{L}$ *aus irgendeinem Teilsystem* σ *von* Λ *stets die Meßbarkeit von* $\mathfrak{M}$, *so hat* i *die Schnitteigenschaft.*

Beweis. Es sei $\mathfrak{M}$ eine gewählte nicht meßbare Menge aus Λ. Dann gibt es wegen der Voraussetzung und wegen **1** (4) ein $\mathfrak{L} \in \sigma$, so daß

$$\bar{i}(\mathfrak{L}) < \bar{i}(\mathfrak{L}\mathfrak{M}) + \bar{i}(\mathfrak{L} - \mathfrak{M})$$

ist; dabei muß $\bar{i}(\mathfrak{L})$ endlich sein. Wegen der Definition **1** (2) von $\bar{i}$ hat also $\mathfrak{L}$ eine meßbare Obermenge $\mathfrak{A}$ endlichen Inhalts, so daß

$$i(\mathfrak{A}) < \bar{i}(\mathfrak{L}\mathfrak{M}) + \bar{i}(\mathfrak{L} - \mathfrak{M})$$

und damit erst recht

$$i(\mathfrak{A}) < \bar{i}(\mathfrak{A}\mathfrak{M}) + \bar{i}(\mathfrak{A} - \mathfrak{M}) \tag{7}$$

ist. Dabei kann $\mathfrak{A}\mathfrak{M}$ nicht meßbar sein, da es sonst auch $\mathfrak{A} - \mathfrak{M}$ wäre, also

$$i(\mathfrak{A}) = \bar{i}(\mathfrak{A}\mathfrak{M}) + \bar{i}(\mathfrak{A} - \mathfrak{M})$$

gelten würde, im Widerspruch zu (7). $\mathfrak{A}$ ist also für $\mathfrak{M}$ eine Menge, wie es die Schnitteigenschaft verlangt.

Durch passende Umkehrung der Sätze 5 und 6 ergibt sich nun eine hinreichende Bedingung für die Meßbarkeit einer Menge $\mathfrak{M}$ auf Grund einer Carathéodory-Bedingung (1):

Satz 7. *Ist i ein vollständiger Inhalt mit der Schnitteigenschaft, so folgt aus der Gültigkeit von* (1) *für jedes meßbare* $\mathfrak{L}$ *endlichen Inhalts die Meßbarkeit von* $\mathfrak{M}$.

Aus der Gültigkeit von (1) für ein meßbares $\mathfrak{L}$ endlichen Inhalts folgt nämlich nach Satz 2 die Meßbarkeit von $\mathfrak{L}\mathfrak{M}$. Gilt nun (1) für jedes solche $\mathfrak{L}$, so muß $\mathfrak{M}$ selber meßbar sein, da sonst i nicht die Schnitteigenschaft haben könnte.

Da der Jordansche Inhalt des $\mathfrak{R}_n$ vollständig ist und die Schnitteigenschaft hat, kann man ihn wegen Satz 4 und 7 auch so einführen: Man definiert den Jordanschen äußeren Inhalt $\bar{i}$. Die nach Jordan meßbaren Mengen sind dann jene Mengen $\mathfrak{M}$, für die (1) bei beliebigem $\mathfrak{L}$ (oder bloß bei beliebigem $\mathfrak{L}$ mit endlichem $\bar{i}$) gilt; ferner ist $\bar{i}(\mathfrak{M})$ der Jordansche Inhalt von $\mathfrak{M}$.

Dem Satz 6 entspricht für $\underline{i}$ der

Satz 8. *Folgt aus der Gültigkeit von* (2) *für alle* $\mathfrak{L}$ *aus irgendeinem Teilsystem* σ *von* Λ *stets die Meßbarkeit von* $\mathfrak{M}$, *so hat i die Teileigenschaft.*

Beweis. Es sei $\mathfrak{M}$ eine gewählte nicht meßbare Menge aus Λ. Dann gibt es wegen der Voraussetzung und wegen **1** (6) ein $\mathfrak{L} \in \sigma$, so daß

$$(8) \qquad i(\mathfrak{L}) > \underline{i}(\mathfrak{L}\mathfrak{M}) + \underline{i}(\mathfrak{L} - \mathfrak{M})$$

ist; dabei kann $\underline{i}(\mathfrak{L})$ endlich oder unendlich sein. Wegen der Definition **1** (2) von $\underline{i}$ hat also $\mathfrak{L}$ eine meßbare Teilmenge $\mathfrak{A}$ (endlichen oder unendlichen Inhalts) so daß

$$(9) \qquad i(\mathfrak{A}) > \underline{i}(\mathfrak{L}\mathfrak{M}) + \underline{i}(\mathfrak{L} - \mathfrak{M})$$

und damit erst recht

$$(10)\qquad i(\mathfrak{A}) > \underline{i}(\mathfrak{A}\mathfrak{M}) + \underline{i}(\mathfrak{A} - \mathfrak{M})$$

ist. Dabei kann $\mathfrak{A}\mathfrak{M}$ nicht meßbar sein, da es sonst auch $\mathfrak{A} - \mathfrak{M}$ wäre, also

$$(11)\qquad i(\mathfrak{A}) = \underline{i}(\mathfrak{A}\mathfrak{M}) + \underline{i}(\mathfrak{A} - \mathfrak{M})$$

gelten würde, im Widerspruch zu (10). Ferner muß $\underline{i}(\mathfrak{A}\mathfrak{M})$ sowie $\underline{i}(\mathfrak{A} - \mathfrak{M})$ endlich sein, da sonst wieder (11) gelten würde. $\mathfrak{A}$ ist also für $\mathfrak{M}$ eine Menge, wie es die Teileigenschaft verlangt.

Durch passende Umkehrung der Sätze 5 und 8 ergibt sich nun eine hinreichende Bedingung für die Meßbarkeit einer Menge $\mathfrak{M}$ auf Grund einer Carathéodory-Bedingung (2):

Satz 9. *Ist i ein vollständiger Inhalt mit der Teileigenschaft, so folgt aus der Gültigkeit von* (2) *für jedes meßbare* $\mathfrak{L}$ *(endlichen und unendlichen Inhalts) die Meßbarkeit von* $\mathfrak{M}$.

Beweis. Wäre $\mathfrak{M}$ nicht meßbar, so gäbe es wegen der Teileigenschaft von i eine meßbare Menge $\mathfrak{A}$, so daß $\mathfrak{A}\mathfrak{M}$ nicht meßbar und $\underline{i}(\mathfrak{A}\mathfrak{M})$ sowie $\underline{i}(\mathfrak{A} - \mathfrak{M})$ endlich ist. Da dann bei endlichem oder unendlichem $\bar{i}(\mathfrak{A}\mathfrak{M})$

$$\underline{i}(\mathfrak{A}\mathfrak{M}) < \bar{i}(\mathfrak{A}\mathfrak{M})$$

sein müßte, ergäbe sich mittels **1** (8)

$$i(\mathfrak{A}) = \bar{i}(\mathfrak{A}\mathfrak{M}) + \underline{i}(\mathfrak{A} - \mathfrak{M}) > \underline{i}(\mathfrak{A}\mathfrak{M}) + \underline{i}(\mathfrak{A} - \mathfrak{M}),$$

im Widerspruch zu der mit $\mathfrak{L} = \mathfrak{A}$ gebildeten Gleichung (2). Damit ist Satz 9 bewiesen.

Spezialisiert man in Satz 8 das System σ, so können sich für i weitergehende Eigenschaften als die Teileigenschaft ergeben. Hierher gehört der

Satz 10. *Folgt aus der Gültigkeit von* (2) *für alle* $\mathfrak{L}$ *mit endlichem* $\underline{i}$ *stets die Meßbarkeit von* $\mathfrak{M}$, *so hat i die Schnitteigenschaft.*

Der Beweis verläuft analog wie der von Satz 8. — Sei also $\mathfrak{M}$ irgendeine nicht meßbare Menge aus Λ. Dann gibt es ein $\mathfrak{L}$ mit endlichem $\underline{i}$, so daß (8) gilt. $\mathfrak{L}$ hat einen meßbaren

Teil $\mathfrak{A}$ endlichen Inhalts, für den (9) und damit (10) gilt. Dabei kann $\mathfrak{A}\mathfrak{M}$ nicht meßbar sein, da sonst (11) gelten würde im Widerspruch zu (10). $\mathfrak{A}$ ist also für $\mathfrak{M}$ eine Menge, wie es die Schnitteigenschaft verlangt.

Dem Satz 9 entspricht nun der

Satz 11. *Ist i ein vollständiger Inhalt mit der Schnitteigenschaft, so folgt aus der Gültigkeit von* (2) *für jedes meßbare* $\mathfrak{L}$ *endlichen Inhalts die Meßbarkeit von* $\mathfrak{M}$.

Dieser Satz ist völlig analog zum Satz 7 und wird wie dieser bewiesen.

Die Sätze 4 und 11 ermöglichen es den Jordanschen Inhalt des $\mathfrak{R}_n$ mittels des Jordanschen inneren Inhalts analog zu erklären wie oben (S. 11) mittels des Jordanschen äußeren Inhalts. Entsprechendes gilt für das Lebesguesche Maß.

§ 2. Zusammenhang der äußeren Inhalte und Maße mit den Inhalts- und Maßfunktionen.

3. Allgemeine äußere Inhalte. Eine eindeutige reelle Mengenfunktion $\iota^*(\mathfrak{M}) = \iota^*$ heiße ein *(allgemeiner) äußerer Inhalt*, wenn sie die folgenden vier Axiome erfüllt:

A_1. *Der Definitionsbereich* Λ *von* ι^* *ist ein Mengenkörper.*

A_2. *Es ist* $\iota^* \geqq 0$, *ferner* $\iota^*(0) = 0$.

A_3. *Aus* $\mathfrak{L} \subset \mathfrak{M}$ $(\mathfrak{L}, \mathfrak{M} \in \Lambda)$ *folgt* $\iota^*(\mathfrak{L}) \leqq \iota^*(\mathfrak{M})$.

A_4. *Für je zwei Mengen* $\mathfrak{L}$, $\mathfrak{M}$ *aus* Λ *ist*

$$\iota^*(\mathfrak{L} + \mathfrak{M}) \leqq \iota^*(\mathfrak{L}) + \iota^*(\mathfrak{M}) \tag{1}$$

Sichtlich folgt der erste Teil von A_2 aus den zweiten und aus A_3. Nach **1** a) bis d) *ist die Außenfunktion* $\bar{i}$ *eines Inhalts i stets ein äußerer Inhalt* ι^*[21].

Die Summenungleichung (1) kann offenbar auf endlich viele Mengen aus Λ erweitert werden; dagegen braucht die Erweiterung auf abzählbar viele nicht mehr möglich zu sein[10].

Ist ι^* ein äußerer Inhalt, so sollen jene Mengen $\mathfrak{M} \in \Lambda$ *(für* ι^**) meßbar* heißen, für die bei beliebigem $\mathfrak{L} \in \Lambda$ gilt:

$$\iota^*(\mathfrak{L}) = \iota^*(\mathfrak{L}\mathfrak{M}) + \iota^*(\mathfrak{L} - \mathfrak{M}). \tag{2}$$

[21] Daß das Umgekehrte nicht gilt, wird sich unten ergeben (Satz 19).

Wegen (1) ist (2) stets richtig, falls $\iota^*(\mathfrak{L}) = \infty$ ist. *Die für* ι^* *meßbaren Mengen sind also auch jene Mengen* $\mathfrak{M} \in \Lambda$, *für die* (2) *bei beliebigem* $\mathfrak{L}$ *mit endlichem* ι^* *erfüllt ist.* Sichtlich ist die leere Menge für ι^* meßbar; ferner, falls Λ eine größte Menge $\mathfrak{R}$ enthält, auch diese und mit $\mathfrak{M}$ auch $\mathfrak{R} - \mathfrak{M}$. *Ist* ι^* *die Außenfunktion eines Inhaltes i, so ist jede i-meßbare Menge auch für* ι^* *meßbar*, nach Satz 4[22]. Ist $\mathfrak{M}$ meßbar für ι^*, so werde $\iota^*(\mathfrak{M})$ auch mit $\iota(\mathfrak{M})$ bezeichnet. Als Mengenfunktion heiße $\iota(\mathfrak{M}) = \iota$ der *zu* ι^* *gehörige Inhalt*[23]; dieser ist also auf einen Teil K von Λ definiert.

Ist $\mathfrak{A}$ *für* ι^* *meßbar und* $\mathfrak{M} \in \Lambda$ *zu* $\mathfrak{A}$ *fremd, so gilt* (vgl. **1** (9))

$$\iota^*(\mathfrak{A} + \mathfrak{M}) = \iota(\mathfrak{A}) + \iota^*(\mathfrak{M}). \tag{3}$$

Dies entsteht ja wegen der Meßbarkeit von $\mathfrak{A}$, indem man (2) mit $\mathfrak{A} + \mathfrak{M}$ für $\mathfrak{L}$ und $\mathfrak{A}$ für $\mathfrak{M}$ bildet. — Man beachte, *daß* (3) *von den Axiomen* A_2, A_3, A_4 *nicht abhängt.*

Verzichtet man auf die Voraussetzung, daß $\mathfrak{A}$, $\mathfrak{M}$ *fremd seien, so gilt allgemeiner*

$$\iota^*(\mathfrak{A} + \mathfrak{M}) + \iota^*(\mathfrak{A}\mathfrak{M}) = \iota(\mathfrak{A}) + \iota^*(\mathfrak{M}). \tag{3'}$$

Bildet man nämlich (2) mit $\mathfrak{A} + \mathfrak{M}$ statt $\mathfrak{L}$ und $\mathfrak{A}$ statt $\mathfrak{M}$, so entsteht

$$\iota^*(\mathfrak{A} + \mathfrak{M}) = \iota(\mathfrak{A}) + \iota^*(\mathfrak{M} - \mathfrak{A}).$$

Addiert man beiderseits $\iota^*(\mathfrak{M}\mathfrak{A})$ und beachtet man

$$\iota^*(\mathfrak{M}) = \iota^*(\mathfrak{M}\mathfrak{A}) + \iota^*(\mathfrak{M} - \mathfrak{A}),$$

so entsteht (3'). — *Auch dieser Beweis verwendet nur* A_1.

Satz 12. *Der zu einem äußeren Inhalt* ι^* *auf* Λ *gehörige Inhalt* ι *ist stets eine additive Inhaltsfunktion.*

Enthält Λ *eine größte Menge, so ist diese auch größte Menge des Definitionsbereiches* K *von* ι.

Beweis. Ich zeige zunächst, daß K ein Körper ist.

Seien also $\mathfrak{A}$, $\mathfrak{B}$ zwei für ι^* meßbare Mengen. Dann gilt dies auch von $\mathfrak{A} + \mathfrak{B}$, d. h. für beliebiges $\mathfrak{L} \in \Lambda$ ist

$$\iota^*(\mathfrak{L}) = \iota^*[\mathfrak{L}(\mathfrak{A} + \mathfrak{B})] + \iota^*[\mathfrak{L} - (\mathfrak{A} + \mathfrak{B})]. \tag{4}$$

[22] Daß das Umgekehrte nicht zu gelten braucht, zeigen bereits die Sätze 5, 6.

[23] Daß ι stets eine Inhaltsfunktion im Sinne von 1 ist, wird sich gleich ergeben (Satz 12).

Es kann nämlich wegen der Meßbarkeit von $\mathfrak{A}$ das erste Glied rechts nach (2) mit $\mathfrak{L}(\mathfrak{A}+\mathfrak{B})$ für $\mathfrak{L}$ und $\mathfrak{A}$ für $\mathfrak{M}$ so umgeformt werden:

$$\iota^*[\mathfrak{L}(\mathfrak{A}+\mathfrak{B})] = \iota^*[\mathfrak{L}(\mathfrak{A}+\mathfrak{B}) \,.\, \mathfrak{A}] + \iota^*[\mathfrak{L}(\mathfrak{A}+\mathfrak{B}) - \mathfrak{A}] = \\ = \iota^*(\mathfrak{L}\mathfrak{A}) + \iota^*(\mathfrak{L}\mathfrak{B} - \mathfrak{A}).$$

Damit geht die rechte Seite von (4) über in

$$\iota^*(\mathfrak{L}\mathfrak{A}) + \iota^*[(\mathfrak{L}-\mathfrak{A})\mathfrak{B}] + \iota^*[(\mathfrak{L}-\mathfrak{A}) - \mathfrak{B}]. \tag{5}$$

Hierin haben die beiden letzten Glieder zusammen wegen der Meßbarkeit von $\mathfrak{B}$ nach (2) den Wert $\iota^*(\mathfrak{L}-\mathfrak{A})$, also der ganze Ausdruck (5) wegen der Meßbarkeit von $\mathfrak{A}$ den Wert $\iota^*(\mathfrak{L})$. Damit ist (4) bewiesen[24].

Ist noch $\mathfrak{A} \subset \mathfrak{B}$, so ist auch $\mathfrak{B}-\mathfrak{A}$ für ι^* meßbar, d. h. für beliebiges $\mathfrak{L} \in \Lambda$ gilt

$$\iota^*(\mathfrak{L}) = \iota^*[\mathfrak{L}(\mathfrak{B}-\mathfrak{A})] + \iota^*[\mathfrak{L}-(\mathfrak{B}-\mathfrak{A})]. \tag{6}$$

Es kann nämlich das zweite Glied rechts wegen der Meßbarkeit von $\mathfrak{A}$ nach (2) mit $\mathfrak{L}-(\mathfrak{B}-\mathfrak{A}) = (\mathfrak{L}-\mathfrak{B}) + \mathfrak{L}\mathfrak{A}$ für $\mathfrak{L}$ und $\mathfrak{A}$ für $\mathfrak{M}$ (wenn man $\mathfrak{A} \subset \mathfrak{B}$ beachtet) so umgeformt werden:

$$\iota^*[\mathfrak{L}-(\mathfrak{B}-\mathfrak{A})] = \iota^*(\mathfrak{L}\mathfrak{A}) + \iota^*(\mathfrak{L}-\mathfrak{B}).$$

Damit geht die rechte Seite von (6) über in

$$\iota^*(\mathfrak{L}\mathfrak{B}-\mathfrak{A}) + \iota^*(\mathfrak{L}\mathfrak{B} \,.\, \mathfrak{A}) + \iota^*(\mathfrak{L}-\mathfrak{B}).$$

Hierin haben die beiden ersten Glieder zusammen wegen der Meßbarkeit von $\mathfrak{A}$ den Wert $\iota^*(\mathfrak{L}\mathfrak{B})$ und somit der ganze Ausdruck wegen der Meßbarkeit von $\mathfrak{B}$ den Wert $\iota^*(\mathfrak{L})$. Damit ist (6) bewiesen[25].

K ist also ein Körper. Weiters ist ι additiv wegen (3)[26]. Da schließlich ι wegen A_2 das Axiom 1 II erfüllt, ist ι ein Inhalt im Sinne von 1. Enthält Λ eine größte Menge, so ist diese meßbar und daher auch größte Menge von K. — Damit ist Satz 12 bewiesen.

---

[24] Dieser Teil des Beweises ist ähnlich zum Beweise von Satz III auf S. 425 bei H. Hahn [2] geführt.

[25] Enthält Λ eine größte Menge $\mathfrak{N}$, so folgt die Meßbarkeit von $\mathfrak{B}-\mathfrak{A}$ unmittelbar aus dem vorher Bewiesenen wegen $\mathfrak{B}-\mathfrak{A} = \mathfrak{N} - [(\mathfrak{N}-\mathfrak{B}) + \mathfrak{A}]$.

[26] Bis hieher verwendet der Beweis nur A_1 (aber nicht A_2, A_3, A_4).

Man beachte, *daß beim Beweise von Satz* 12 *von den Axiomen* A_1 *bis* A_4 *nur* A_1, A_2 *verwendet wurde.*

Satz 13. *Gehören die Teile einer jeden für* ι^* *meßbaren Menge zu* Λ[27], *so ist der zu* ι^* *gehörige Inhalt* ι *vollständig.*

Beweis. Man hat zu zeigen, daß jede Menge $\mathfrak{M}$ (des Grundbereiches) ι-meßbar ist, für die es zu jedem $\varepsilon > 0$ ι-meßbare Mengen $\underline{\mathfrak{A}}_\varepsilon = \underline{\mathfrak{A}}$, $\overline{\mathfrak{A}}_\varepsilon = \overline{\mathfrak{A}}$ gibt, so daß

$$\underline{\mathfrak{A}} \subset \mathfrak{M} \subset \overline{\mathfrak{A}}, \quad \iota(\overline{\mathfrak{A}} - \underline{\mathfrak{A}}) < \varepsilon$$

ist. Da eine solche Menge $\mathfrak{M}$ jedenfalls zu Λ gehört (nach der Voraussetzung des Satzes), ist also zu zeigen, daß sie die Gleichung (2) bei beliebigem $\mathfrak{L} \in \Lambda$ erfüllt. Dies geschieht ebenso, wie bei Satz 5 die Gültigkeit von **2** (1) für das dort betrachtete $\mathfrak{M}$ bewiesen wurde: an Stelle von $\bar{i}$, i tritt jetzt ι^*, bzw. ι; dabei ist A_3 und (entsprechend **1** (9)) die obige Gleichung (3) heranzuziehen.

Satz 14. *Ist* $\iota^*(\mathfrak{M}) = 0$, *so ist* $\mathfrak{M}$ *meßbar für* ι^*.

Beweis. Nach A_4 gilt für jedes $\mathfrak{L} \in \Lambda$

$$\iota^*(\mathfrak{L}) \leqq \iota^*(\mathfrak{L}\mathfrak{M}) + \iota^*(\mathfrak{L} - \mathfrak{M}). \tag{7}$$

Ferner ist wegen A_2, A_3

$$\iota^*(\mathfrak{L}\mathfrak{M}) = 0, \quad \iota^*(\mathfrak{L}) \geqq \iota^*(\mathfrak{L} - \mathfrak{M})$$

und somit

$$\iota^*(\mathfrak{L}) \geqq \iota^*(\mathfrak{L}\mathfrak{M}) + \iota^*(\mathfrak{L} - \mathfrak{M}). \tag{8}$$

Nach (7), (8) erfüllt also $\mathfrak{M}$ die Gleichung (2) bei beliebigem $\mathfrak{L} \in \Lambda$.

Mittels dieses Satzes ergibt sich: *Hat eine Menge* $\mathfrak{M}$ *mit endlichem* ι^* *einen* ι-*meßbaren Teil* $\mathfrak{A}$, *so daß* $\iota^*\mathfrak{M} = \iota(\mathfrak{A})$ *ist, so ist* $\mathfrak{M}$ *selber* ι-*meßbar.*

Nach (3) ist nämlich $\iota^*(\mathfrak{M}) = \iota(\mathfrak{A}) + \iota^*(\mathfrak{M} - \mathfrak{A})$, woraus $\iota^*(\mathfrak{M} - \mathfrak{A}) = 0$ folgt. Nach Satz 14 ist also $\mathfrak{M} - \mathfrak{A}$ meßbar für ι^* und damit auch $(\mathfrak{M} - \mathfrak{A}) + \mathfrak{A} = \mathfrak{M}$.

---

[27] Dies trifft z. B. zu, wenn ι^* die Außenfunktion eines Inhaltes i ist, oder auch, wenn Λ aus den Teilen einer festen Menge $\mathfrak{N}$ besteht.

4. Gewöhnliche äußere Inhalte und Inhaltsfunktionen. Der äußere Inhalt ι^* heiße ein *gewöhnlicher äußerer Inhalt*, wenn er noch das folgende Axiom erfüllt:

A_5. *ι^* stimmt mit der Außenfunktion $\bar{\iota}$ des zu ι^* gehörigen Inhalts ι überein.*

Dieses Axiom umfaßt also die beiden folgenden Forderungen:

$A_5^{(1)}$. *Der Definitionsbereich Λ von ι^* besteht aus den Teilen der für ι^* meßbaren Mengen.*

$A_5^{(2)}$. *Für jede Menge $\mathfrak{M} \in \Lambda$ gilt $\iota^*(\mathfrak{M}) = \inf \iota(\bar{\mathfrak{A}})$, wobei $\bar{\mathfrak{A}}$ alle für ι^* meßbaren Obermengen von $\mathfrak{M}$ zu durchlaufen hat.*

Ein gewöhnlicher äußerer Inhalt ist stets die Außenfunktion eines passenden Inhalts i. Hierzu gilt die folgende Umkehrung:

Die Außenfunktion $\bar{i}$ eines Inhaltes i ist stets ein gewöhnlicher äußerer Inhalt.

Beweis. Wie bereits in **3** bemerkt, erfüllt $\bar{i}$ zunächst die Axiome A_1 bis A_4. Da der Definitionsbereich A von $\bar{i}$ aus den Teilen der einzelnen i-meßbaren Mengen besteht, und diese nach Satz 4 für $\bar{i}$ meßbar sind, muß A auch aus den Teilen der einzelnen für $\bar{i}$ meßbaren Mengen bestehen; $\bar{i}$ erfüllt also $A_5^{(1)}$. Ist ι der zu $\bar{i}$ gehörige Inhalt und $\bar{\iota}$ seine Außenfunktion, so bleibt also noch

$$(1) \qquad \bar{i}(\mathfrak{M}) = \bar{\iota}(\mathfrak{M}) \quad \text{für jedes } \mathfrak{M} \in \mathrm{A}$$

zu zeigen. Nun ist für jedes $\mathfrak{M} \in \mathrm{A}$

$$(2) \qquad \bar{\iota}(\mathfrak{M}) = \inf \iota(\mathfrak{A}),$$

wenn $\mathfrak{A}$ die ι-meßbaren Obermengen von $\mathfrak{M}$ durchläuft; ferner ist

$$(3) \qquad \iota(\mathfrak{A}) = \bar{i}(\mathfrak{A}) \geqq \bar{i}(\mathfrak{M}).$$

Aus (2), (3) folgt

$$(4) \qquad \bar{\iota}(\mathfrak{M}) \geqq \bar{i}(\mathfrak{M}).$$

Weiters ist

$$(5) \qquad \bar{i}(\mathfrak{M}) = \inf i(\mathfrak{A}),$$

wenn $\mathfrak{A}$ die i-meßbaren Obermengen von $\mathfrak{M}$ durchläuft. Da nach Satz 4 jede i-meßbare Menge zugleich ι-meßbar ist, ergibt (2), (5)

$$(6) \qquad \bar{\iota}(\mathfrak{M}) \leqq \bar{i}(\mathfrak{M}).$$

Aus (4), (6) folgt die zu beweisende Gleichung (1). — Zusammenfassend hat sich also ergeben:

Satz 15. *Die gewöhnlichen äußeren Inhalte und die Außenfunktionen der additiven Inhalte fallen zusammen.*

Nun soll die Art der zu den gewöhnlichen äußeren Inhalten gehörigen Inhalte bestimmt werden. Hierüber besagt der

Satz 16. *Die zu den gewöhnlichen äußeren Inhalten gehörigen Inhalte einerseits und die vollständigen Inhalte mit der Schnitteigenschaft andererseits fallen zusammen.*

Beweis. Der zum gewöhnlichen äußeren Inhalt ι^* gehörige Inhalt ι ist zunächst nach Satz 12 ein Inhalt im Sinne von **1**. Wegen $\iota^* = \bar{\iota}$ und der Definition 3 (2) der für ι^* meßbaren Mengen muß ι nach Satz 5 und 6 vollständig sein und die Schnitteigenschaft haben.

Sei umgekehrt i ein vollständiger Inhalt mit der Schnitteigenschaft und $\bar{i}$ seine Außenfunktion. Falls i der zu einem gewöhnlichen äußeren Inhalt ι^* gehörige Inhalt ist, muß nach A_5 $* = \bar{i}$ sein. Nun ist aber $\bar{i}$ nach Satz 15 ein gewöhnlicher äußerer Inhalt. Ferner stimmen die i-meßbaren Mengen $\mathfrak{A}$ wegen der vorausgesetzten Eigenschaften von i mit den für $\bar{i}$ meßbaren überein, nach Satz 4 und 7; zugleich ist $\iota(\mathfrak{A}) = i(\mathfrak{A})$, wenn ι der zu $\bar{i}$ gehörige Inhalt ist. i ist also der zu einem gewöhnlichen äußeren Inhalt ι^* gehörige Inhalt (nämlich zu $\iota^* = \bar{i}$). Damit ist Satz 16 bewiesen.

Nach diesem Satze *fallen die gewöhnlichen äußeren Inhalte und die Außenfunktionen der vollständigen Inhalte mit der Schnitteigenschaft zusammen*[28]. Da nach Satz 15 auch die gewöhnlichen äußeren Inhalte und die Außenfunktionen der Inhalte schlechthin zusammenfallen, *hat man in den Außenfunktionen der voll-*

[28] Hiernach folgt Satz 14 im Falle eines gewöhnlichen äußeren Inhalts ι^* auch aus der Bemerkung im Anschlusse an die Definition des vollständigen Inhalts in **1**.

ständigen Inhalte mit der Schnitteigenschaft bereits alle Außenfunktionen überhaupt.

Bildet man zu einem Inhalt i die Außenfunktion $\bar{i}$ und anschließend den zu $\bar{i}$ gehörigen Inhalt ι, so ist nach Satz 15 und 16 ein vollständiger Inhalt mit der Schnitteigenschaft entstanden; zugleich ist ι eine Erweiterung von i (nach Satz 4). Nennt man dieses Erweiterungsverfahren den *V-Prozeß,* so hat sich also folgendes ergeben:

Satz 17. *Führt man an einem Inhalte i den V-Prozeß aus, so entsteht ein vollständiger Inhalt über i mit der Schnitteigenschaft.*

Dieser Inhalt braucht aber nicht der kleinste vollständige Inhalt über i zu sein, da es vollständige Inhalte ohne die Schnitteigenschaft gibt (s. 1 vor Satz 3)[29].

Da ein gewöhnlicher äußerer Inhalt ι^* die Außenfunktion des zugehörigen Inhalts ι ist und dieser vollständig ist und die Schnitteigenschaft hat, sind die für ι^* meßbaren Mengen nach Satz 7 bereits dadurch gekennzeichnet, daß **3** (2) bei beliebigem ι-meßbaren $\mathfrak{L}$ gilt[30]. Allgemeiner besagt der

Satz 18. *Es sei $\bar{i}$ auf Λ die Außenfunktion irgendeines Inhalts i auf $\varkappa$. Die für $\bar{i}$ meßbaren Mengen $\mathfrak{M}$ sind bereits dadurch gekennzeichnet, daß* **3** (2) *mit $\iota^* = \bar{i}$ gilt, falls $\mathfrak{L}$ die i-meßbaren Mengen $\mathfrak{A}$ durchläuft*[31]*:*

$$i(\mathfrak{A}) = \bar{i}(\mathfrak{A}\mathfrak{M}) + \bar{i}(\mathfrak{A} - \mathfrak{M}) \text{ für } \mathfrak{A} \in \varkappa. \tag{7}$$

Beweis. Es ist zu zeigen, daß jede Menge $\mathfrak{M} \in \Lambda$, für die (7) gilt, für $\bar{i}$ meßbar ist, oder also, daß aus (7) die Gültigkeit von **3** (2) mit $\iota^* = \bar{i}$ für jedes $\mathfrak{L} \in \Lambda$ folgt. Andernfalls gäbe es aber wegen Λ_4 ein $\mathfrak{L} \in \Lambda$, so daß

$$\bar{i}(\mathfrak{L}) < \bar{i}(\mathfrak{L}\mathfrak{M}) + \bar{i}(\mathfrak{L} - \mathfrak{M}) \tag{8}$$

ist. Nach der Definition von $\bar{i}(\mathfrak{L})$ (s. **1** (2)) gäbe es dann eine i-meßbare Obermenge $\mathfrak{A}$ von $\mathfrak{L}$, so daß auch

$$i(\mathfrak{A}) < \bar{i}(\mathfrak{L}\mathfrak{M}) + \bar{i}(\mathfrak{L} - \mathfrak{M})$$

---

[29] Der V-Prozeß auf das vollständige Maß m aus M 1, Beisp. 3 angewendet liefert $\bar{m}$.

[30] Dabei kann man sich noch auf Mengen endlichen Inhalts beschränken.

[31] Siehe [30].

ist und somit erst recht

$$i(\mathfrak{A}) < \bar{i}(\mathfrak{A}\mathfrak{M}) + \bar{i}(\mathfrak{A} - \mathfrak{M}),$$

im Widerspruch zu (7). Damit ist der Satz bewiesen.

5. Abhängigkeit der Axiome für ι^*. *Die Axiome* A_3, A_4 *sind eine Folge von* A_1, A_2, A_5. Erfüllt nämlich ι^* die Axiome A_1, A_2, so ist der (auf die bisherige Weise) zu ι^* gehörige Inhalt ι bereits eine Inhaltsfunktion im Sinne von **1** (s. die Bemerkung im Anschlusse an den Beweis von Satz 12). Erfüllt ι^* außerdem A_5, so ist ι^* eine Außenfunktion und für eine solche gilt A_3, A_4. Sichtlich *folgt* A_3 *auch unmittelbar aus* A_5.

Dagegen ist A_5 unabhängig von A_1 bis A_4, wie das folgende Beispiel 2 zeigt[32]. *Hiernach gibt es äußere Inhalte, die keine gewöhnlichen sind*, oder also wegen Satz 15:

Satz 19. *Es gibt äußere Inhalte, die keine Außenfunktionen sind.*

Beispiel 2. Nach Satz 16 ist ein vollständiger Inhalt i mit der Schnitteigenschaft der zu seiner Außenfunktion $\bar{i}$ gehörige Inhalt; dabei ist $\bar{i}$ der einzige gewöhnliche äußere Inhalt, für den i der zugehörige Inhalt ist. Ändert man also $\bar{i}$ so ab, daß die neue Funktion ι^* die Axiome A_1 bis A_4 erfüllt und i der zugehörige Inhalt bleibt, so kann ι^* das Axiom A_5 nicht mehr erfüllen.

Nun ist das Maß m in M **1**, Beisp. 2 ein vollständiger Inhalt mit der Schnitteigenschaft; ich bezeichne es jetzt mit i. Wie ich zeigen werde, ist es eine Änderung der eben beschriebenen Art, wenn man $\bar{i}(\mathfrak{A}_2) = 1$ durch $\iota^*(\mathfrak{A}_2) = \frac{1}{2}$ ersetzt, während im übrigen $\iota^* = \bar{i}$ sein soll. Auf diese Weise entsteht:

$$(1)\quad \begin{cases} \iota^*(0) = 0, & \iota^*(\mathfrak{A}_1) = \infty, & \iota^*(\mathfrak{A}_{23}) = 1, & \iota^*(\mathfrak{A}_{123}) = \infty, \\ \iota^*(\mathfrak{A}_2) = \frac{1}{2}, & \iota^*(\mathfrak{A}_3) = 1, & \iota^*(\mathfrak{A}_{12}) = \infty, & \iota^*(\mathfrak{A}_{13}) = \infty. \end{cases}$$

Beachtet man den Zusammenhang von ι^* und $\bar{i}$, so sieht man sofort, daß ι^* die Axiome A_1 bis A_4 erfüllt. Ferner stimmt

[32] Eine weitere Mengenfunktion, die A_1 bis A_4 aber nicht A_5 erfüllt, ist die von C. Carathéodory[2], S. 363, angegebene Funktion $\nu_5 A$. Diese ist mittels einer nicht nach Lebesgue meßbaren Menge Ω gebildet.

der zu ι^* gehörige Inhalt ι mit i überein. Hierzu ist nur zu zeigen, daß die Mengen 0, $\mathfrak{A}_1$, $\mathfrak{A}_{23}$, $\mathfrak{A}_{123}$ für ι^* meßbar und $\mathfrak{A}_2$, $\mathfrak{A}_3$, $\mathfrak{A}_{12}$, $\mathfrak{A}_{13}$ für ι^* nicht meßbar sind. Nun sind 0 und $\mathfrak{A}_{123} = \mathfrak{R}$ von vornherein für ι^* meßbar, ferner mit $\mathfrak{A}_1$ auch $\mathfrak{A}_{23} = \mathfrak{R} - \mathfrak{A}_1$. Um die Meßbarkeit von $\mathfrak{A}_1$ festzustellen, hat man zu zeigen, daß

$$\iota^*(\mathfrak{L}) = \iota^*(\mathfrak{L}\mathfrak{M}) + \iota^*(\mathfrak{L} - \mathfrak{M}) \tag{2}$$

für $\mathfrak{M} = \mathfrak{A}_1$ und $\mathfrak{L} = \mathfrak{A}_{23}, \mathfrak{A}_2, \mathfrak{A}_3$ gilt. Dies trifft aber zu, da (2) für diese Argumente in $\iota^*(\mathfrak{L}) = \iota^*(\mathfrak{L})$ übergeht. Ferner sind mit $\mathfrak{A}_2$, $\mathfrak{A}_3$ auch die Mengen $\mathfrak{A}_{13} = \mathfrak{R} - \mathfrak{A}_2$, $\mathfrak{A}_{12} = \mathfrak{R} - \mathfrak{A}_3$ nicht meßbar. Daß aber $\mathfrak{A}_2$, $\mathfrak{A}_3$ nicht meßbar sind, ergibt sich daraus, daß (2) für $\mathfrak{M} = \mathfrak{A}_2, \mathfrak{A}_3$ und $\mathfrak{L} = \mathfrak{A}_{23}$ nicht erfüllt ist. Somit ist $\iota^* = i$. Nach dem anfangs Bemerkten kann ι^* das Axiom A_5 nicht erfüllen. In der Tat ist $\iota^*(\mathfrak{A}_2)$ nicht die untere Grenze der Inhalte der i-meßbaren Obermengen von $\mathfrak{A}_2$[33].

6. Äußere Maße und Maßfunktionen. Ein allgemeiner äußerer Inhalt $\iota^* = \mu^*$ heiße ein (*allgemeines*) *äußeres Maß*, wenn an Stelle von A_1, A_4 die beiden stärkeren Forderungen $A_1^{\bullet}$, $A_4^{\bullet}$ treten:

$A_1^{\bullet}$. *Der Definitionsbereich* $\Lambda = \Lambda_\sigma$ *von* μ^* *ist ein* σ-*Körper.*

$A_4^{\bullet}$. *Für jede Folge* $(\mathfrak{M}_\lambda)$ *aus* Λ_σ *gilt:*

$$\mu^*\Big(\sum_\lambda \mathfrak{M}_\lambda\Big) \leqq \sum_\lambda \mu^*(\mathfrak{M}_\lambda).$$

Nach **1** a) bis d) *ist die Außenfunktion* $\overline{m}$ *eines Maßes* m *stets ein äußeres Maß* μ^*. Ferner gehören die von C. Carathéodory eingeführten „äußeren Maße" hierher[34], auch in der etwas allgemeineren Form bei H. Hahn[35].

Die für ein äußeres Maß μ^* meßbaren Mengen $\mathfrak{M}$ sind nach **3** (2) dadurch gekennzeichnet, daß für alle $\mathfrak{L} \in \Lambda_\sigma$ gilt:

$$\mu^*(\mathfrak{L}) = \mu^*(\mathfrak{L}\mathfrak{M}) + \mu^*(\mathfrak{L} - \mathfrak{M}). \tag{1}$$

Ist $\mathfrak{M}$ für μ^* meßbar, so werde $\mu^*(\mathfrak{M})$ auch mit $\mu(\mathfrak{M})$ bezeichnet. Als Mengenfunktion ist $\mu(\mathfrak{M}) = \mu$ der zu μ^* gehörige Inhalt; er heiße das zu μ^* *gehörige Maß*.

---

[33] Genauer ist der Teil $A_5^{(2)}$ nicht erfüllt, während $A_5^{(1)}$ sichtlich gilt.

[34] C. Carathéodory [2], S. 238/9.

[35] H. Hahn [2], S. 424.

Der erste Teil von Satz 12 kann jetzt so verschärft werden:

Satz 20. *Das zu einem äußeren Maße μ^* gehörige Maß μ ist stets eine additive Maßfunktion.*

Dies gilt nach Satz 12, ferner etwa nach den Beweisen der Sätze VII, X bei H. Hahn[2], S. 426 und 428, die unverändert übernommen werden können[36].

Weiters ist Satz 13 im Falle $\iota^* = \mu^*$ eine unmittelbare Folge von Satz 14. Da nämlich der zu μ^* gehörige Inhalt μ ein Maß im Sinne von 1 ist, hat man zum Beweise von Satz 13 nur zu zeigen (s. 1. S. 5), daß jeder Teil $\mathfrak{n}'$ einer μ-Nullmenge $\mathfrak{n}$ stets für μ^* meßbar ist. Dies ergibt sich aber sofort mittels des Satzes 14, da wegen $0 = \mu(\mathfrak{n}) \geqq \mu^*(\mathfrak{n}') \geqq 0$ ja $\mu^*(\mathfrak{n}') = 0$ sein muß[37].

Ein äußeres Maß, das A_5 erfüllt, heiße ein *gewöhnliches äußeres Maß*. Ein solches ist also stets die Außenfunktion eines passenden Maßes m. Insbesondere gehören die „regulären äußeren Maße" Carathéodorys hierher[38], auch in der allgemeineren Form bei H. Hahn[39]. Umgekehrt ist die Außenfunktion $\overline{m}$ eines Maßes m nach Satz 15 zunächst ein gewöhnlicher äußerer Inhalt. Da nun $\overline{m}$ (wie oben bemerkt) ein äußeres Maß ist, muß $\overline{m}$ ein gewöhnliches äußeres Maß sein. Somit gilt der dem Satz 15 entsprechende

Satz 21. *Die gewöhnlichen äußeren Maße und die Außenfunktionen der additiven Maße fallen zusammen.*

Weiters ist nach Satz 16 und 20 das zu einem gewöhnlichen äußeren Maße gehörige Maß ein vollständiges Maß mit der Schnitteigenschaft. Umgekehrt ist wieder nach Satz 16 ein vollständiges Maß m mit der Schnitteigenschaft der zu seiner Außenfunktion $\overline{m}$ gehörige Inhalt. Da nun $\overline{m}$ ein gewöhnliches äußeres Maß ist, ist also m das zu einem gewöhnlichen äußeren Maß gehörige Maß. Somit gilt der dem Satz 16 entsprechende

---

[36] Diese Beweise machen von A_3 und A_4' Gebrauch.

[37] Sichtlich genügt es jetzt in Satz 13 vorauszusetzen, daß die Teile einer jeden μ-Nullmenge (anstatt einer jeden für μ^* meßbaren Menge) zu A_σ gehören.

[38] C. Carathéodory, [2], S. 258.

[39] H. Hahn, [2], S. 433.

<u>Satz 22.</u> *Die zu den gewöhnlichen äußeren Maßen gehörigen Maße einerseits und die vollständigen Maße mit der Schnitteigenschaft andererseits fallen zusammen* (vgl. M, Satz 8).

Ferner entspricht dem Satz 17 der

<u>Satz 23.</u> *Führt man den V-Prozeß an einem Maße m aus, so entsteht ein vollständiges Maß über m mit der Schnitteigenschaft.*

Dieses braucht aber nicht das kleinste vollständige Maß über m zu sein, wie M **1**, Beisp. 3, zeigt[29]. Es gilt jedoch der

<u>Satz 24.</u> *Hat das Maß m die Zerlegungseigenschaft, so liefert der V-Prozeß das kleinste vollständige Maß über m*[40].

Da nämlich das kleinste vollständige Maß M über m die Zerlegungseigenschaft und damit die Schnitteigenschaft hat (S. 8), ist M das zu seiner Außenfunktion $\overline{M}$ gehörige Maß. Wegen $\overline{M} = \overline{m}$ entsteht also M, indem man auf m den V-Prozeß anwendet.

Führt man den V-Prozeß z. B. am Borelschen Maß des $\mathfrak{R}_n$ aus, so entsteht nach Satz 24 das Lebesguesche Maß.

Ich bemerke noch, *daß* A_5 *unabhängig von* $A_1^{\bullet}$, A_2, A_3, $A_4^{\bullet}$ *ist*, wie ebenfalls **4**, Beisp. 2 zeigt: der dort angegebene äußere Inhalt ι^* ist ja insbesondere ein äußeres Maß[41]. Satz 19 kann also dahin verschärft werden, *daß es sogar äußere Maße gibt, die keine Außenfunktionen sind.*

§ 3. Die Außenfunktion des R-Maßes als gewöhnliches äußeres Maß

7. Das zu einem volladditiven Inhalt gehörige äußere Maß. Es sei i auf $\varkappa$ ein volladditiver Inhalt. Die Vereinigung $\mathfrak{Q}$ von abzählbar vielen Mengen aus $\varkappa$ heiße eine $\varkappa$-*Summe.* Eine solche kann stets als Summe von abzählbar unendlich vielen

[40] Zu jedem Maße m gibt es ein (eindeutig bestimmtes) kleinstes vollständiges Maß M über m; hat m die Zerlegungseigenschaft, so auch M (s. O. Haupt-G. Aumann [1], S. 20—23). — Man beweist, daß m und M dieselbe Außenfunktion haben.

[41] Auch die in [32] angeführte Funktion $\nu_5 A$ erfüllt $A_1^{\bullet}$, A_2, A_3, $A_4^{\bullet}$, aber nicht A_5.

getrennten Mengen aus $\varkappa$ dargestellt werden. Das System ρ_σ der $\varkappa$-Summen ist der kleinste σ-Ring, der $\varkappa$ umfaßt.

Ist $\mathfrak{Q} = \sum_\lambda \mathfrak{A}_\lambda$ bei getrennten $\mathfrak{A}_\lambda \in \varkappa$, so werde

$$r(\mathfrak{Q}) = \sum_\lambda i(\mathfrak{A}_\lambda)$$

gesetzt. *Diese Festsetzung ist unabhängig von der für $\mathfrak{Q}$ zugelassenen Darstellung, und zwar ergibt sich stets*

$$(1) \qquad r(\mathfrak{Q}) = \sup i(\mathfrak{C}) \quad (\mathfrak{C} \in \varkappa,\ \mathfrak{C} \subset \mathfrak{Q}).$$

Für jedes solche $\mathfrak{C}$ ist nämlich wegen $\mathfrak{C} = \mathfrak{C}\mathfrak{Q} = \sum_\lambda \mathfrak{C}\mathfrak{A}_\lambda$ und der Volladditivität von i

$$(2) \qquad i(\mathfrak{C}) = \sum_\lambda i(\mathfrak{C}\mathfrak{A}_\lambda) \leqq \sum_\lambda i(\mathfrak{A}_\lambda) = r(\mathfrak{Q});$$

ferner gibt es zu jedem $\varepsilon > 0$ einen Index l, so daß für $\mathfrak{C} = \mathfrak{A}_1 + \ldots + \mathfrak{A}_l$ gilt:

$$(3) \qquad i(\mathfrak{C}) = i(\mathfrak{A}_1) + \ldots + i(\mathfrak{A}_l) > r(\mathfrak{Q}) - \varepsilon, \text{ bzw. } > \frac{1}{\varepsilon},$$

je nachdem $r(\mathfrak{Q})$ endlich oder ∞ ist. Nach (2), (3) gilt in der Tat (1). Für $\mathfrak{Q} \in \varkappa$ wird $r(\mathfrak{Q}) = i(\mathfrak{Q})$. Ist $\mathfrak{Q} = \sum_{\lambda=1}^{\infty} \mathfrak{A}_\lambda$ bei irgendwelchen $\mathfrak{A}_\lambda$, so gilt

$$(4) \qquad r(\mathfrak{Q}) = \lim_{l \to \infty} i\Big(\sum_{\lambda=1}^{l} \mathfrak{A}_\lambda\Big),$$

wegen

$$\mathfrak{Q} = \mathfrak{A}_1 + (\mathfrak{A}_2 - \mathfrak{A}_1^{\bullet}) + (\mathfrak{A}_3 - \mathfrak{A}_2^{\bullet}) + \ldots \text{ mit } \mathfrak{A}_\lambda^{\bullet} = \mathfrak{A}_1 + \ldots + \mathfrak{A}_\lambda.$$

Als Mengenfunktion auf ρ_σ heiße $r(\mathfrak{Q}) = r$ das *zu i gehörige R-Maß*. Ist i insbesondere ein Maß m, so stimmt r mit m überein[42].

a) *r ist volladditiv.* Ist nämlich $\mathfrak{Q} = \sum_\mu \mathfrak{Q}_\mu$ bei getrennten $\mathfrak{Q}_\mu \in \rho_\sigma$ und $\mathfrak{Q}_\mu = \sum_\lambda \mathfrak{A}_{\lambda\mu}$ bei jeweils getrennten $\mathfrak{A}_{\lambda\mu} \in \varkappa$, so wird

$$r(\mathfrak{Q}) = \sum_{\lambda,\mu} i(\mathfrak{A}_{\lambda\mu}) = \sum_\mu \sum_\lambda i(\mathfrak{A}_{\lambda\mu}) = \sum_\mu r(\mathfrak{Q}_\mu).$$

b) *r ist ansteigend wegen* (1).

c) *Ist $\mathfrak{Q} = \sum_\mu \mathfrak{Q}_\mu$ bei irgendwelchen $\mathfrak{Q}_\mu \in \rho_\sigma$, so gilt*

$$r(\mathfrak{Q}) \leqq \sum_\mu r(\mathfrak{Q}_\mu).$$

---

[42] Die folgenden Eigenschaften des R-Maßes bis einschließlich Satz 25 sind von H. Hahn. [5] XIII, XIV, XVI, XVII.

Man kann annehmen, daß unendlich viele $\mathfrak{Q}_\mu$ vorliegen. Ist dann $\mathfrak{Q}_\mu = \sum \mathfrak{A}_{\lambda\mu}$ bei jeweils getrennten $\mathfrak{A}_{\lambda\mu} \in \varkappa$ und $\mathfrak{C}_1, \mathfrak{C}_2, \ldots$ eine lineare Anordnung aller $\mathfrak{A}_{\lambda\mu}$, so gilt wegen (4)

$$r(\mathfrak{Q}) = \lim_{n\to\infty} i(\sum_{\nu=1}^{n} \mathfrak{C}_\nu) \leqq \lim_{n\to\infty} \sum_{\nu=1}^{n} i(\mathfrak{C}_\nu) =$$

$$= \sum_\nu i(\mathfrak{C}_\nu) = \sum_\mu \sum_\lambda i(\mathfrak{A}_{\lambda\mu}) = \sum_\mu r(\mathfrak{Q}_\mu) \text{ w. z. z. w.}$$

Die Teile $\mathfrak{M}$ der einzelnen $\varkappa$-Summen bilden sichtlich einen σ-Körper Λ_σ. Auf diesem werde durch die folgende Festsetzung die *Außenfunktion $\bar{r}$ von r* definiert:

(5) $$\bar{r}(\mathfrak{M}) = \inf r(\mathfrak{Q}) \quad (\mathfrak{M} \in \Lambda_\sigma);$$

dabei hat $\mathfrak{Q}$ alle $\mathfrak{M}$ überdeckenden $\varkappa$-Summen zu durchlaufen. Wegen b) gilt sichtlich

(6) $$\bar{r}(\mathfrak{Q}) = r(\mathfrak{Q}) \quad (\mathfrak{Q} \in \rho_\sigma).$$

Ich zeige nun, *daß $\bar{r}$ ein äußeres Maß im Sinne von* **6** *ist.*

Es erfüllt nämlich $\bar{r}$ zunächst A_1' und A_2. Ferner A_3: aus $\mathfrak{L} \subset \mathfrak{M}$ $(\mathfrak{L}, \mathfrak{M} \in \Lambda_\sigma)$ folgt $\bar{r}(\mathfrak{L}) \leqq \bar{r}(\mathfrak{M})$ nach (5), da die $\mathfrak{M}$ überdeckenden $\varkappa$-Summen auch $\mathfrak{L}$ überdecken. Schließlich gilt A_4': für jede Folge $(\mathfrak{M}_\lambda)$ aus Λ_σ mit der Summe $\mathfrak{S}$ ist

(7) $$\bar{r}(\mathfrak{S}) \leqq \sum_\lambda \bar{r}(\mathfrak{M}_\lambda).$$

Nach (5) gibt es nämlich zu jedem $\varepsilon > 0$ $\varkappa$-Summen $\mathfrak{Q}_\lambda$, so daß

(8) $$\mathfrak{Q}_\lambda \supset \mathfrak{M}_\lambda, \; r(\mathfrak{Q}_\lambda) \leqq \bar{r}(\mathfrak{M}_\lambda) + \frac{\varepsilon}{2^\lambda} \qquad (\lambda = 1, 2, \ldots)$$

ist; zugleich ist $\mathfrak{Q} = \sum_\lambda \mathfrak{Q}_\lambda$ eine $\mathfrak{S}$ überdeckende $\varkappa$-Summe. Nach der bereits festgestellten Eigenschaft A_3 von $\bar{r}$ und nach (6), ferner nach c), bzw. (8) ist

$$\bar{r}(\mathfrak{S}) \leqq r(\mathfrak{Q}) \leqq \sum_\lambda r(\mathfrak{Q}_\lambda) \leqq \sum_\lambda \bar{r}(\mathfrak{M}_\lambda) + \varepsilon.$$

Hieraus folgt aber (7). Damit ist die Behauptung bewiesen.

Satz 25. *Die $\varkappa$-Summen sind für $\bar{r}$ meßbar.*

Beweis. Da die für $\bar{r}$ meßbaren Mengen nach Satz 20 einen σ-Körper bilden, genügt es zu zeigen, daß die Mengen aus $\varkappa$ für $\bar{r}$ meßbar sind. Ist also $\mathfrak{A}$ eine solche und $\mathfrak{L}$ eine beliebige Menge aus Λ_σ, so soll

$$(9) \qquad \bar{r}(\mathfrak{L}) = \bar{r}(\mathfrak{L}\mathfrak{A}) + \bar{r}(\mathfrak{L} - \mathfrak{A})$$

sein. Nun ist zunächst, da $\bar{r}$ das Axiom A_4' erfüllt,

$$(10) \qquad \bar{r}(\mathfrak{L}) \leqq \bar{r}(\mathfrak{L}\mathfrak{A}) + \bar{r}(\mathfrak{L} - \mathfrak{A}).$$

Um die entgegengesetzte Beziehung zu erhalten, überdecke ich ein betrachtetes $\mathfrak{L}$ durch eine $\varkappa$-Summe $\mathfrak{Q}$; zugleich sind $\mathfrak{A}$ und $\mathfrak{Q} - \mathfrak{A} = \mathfrak{Q}'$[43] fremde $\varkappa$-Summen, die $\mathfrak{L}\mathfrak{A}$, bzw. $\mathfrak{L} - \mathfrak{A}$ überdecken. Damit wird nach b), a) und (5).

$$r(\mathfrak{Q}) \geqq r[\mathfrak{Q}(\mathfrak{A} + \mathfrak{Q}')] = r(\mathfrak{Q}\mathfrak{A}) + r(\mathfrak{Q}\mathfrak{Q}') \geqq \bar{r}(\mathfrak{L}\mathfrak{A}) + \bar{r}(\mathfrak{L} - \mathfrak{A}),$$

woraus

$$(11) \qquad \bar{r}(\mathfrak{L}) \geqq \bar{r}(\mathfrak{L}\mathfrak{A}) + \bar{r}(\mathfrak{L} - \mathfrak{A})$$

folgt. Aus (10), (11) entnimmt man (9). Damit ist Satz 25 bewiesen.

Schließlich erfüllt $\bar{r}$ das Axiom A_5: ist μ das zu $\bar{r}$ gehörige Maß und $\bar{\mu}$ seine Außenfunktion, so gilt

$$(12) \qquad \bar{r} = \bar{\mu}.$$

Der Beweis verläuft analog zu dem bei Satz 15 geführten Beweise; die Rolle von i, $\bar{i}$ übernehmen jetzt r, $\bar{r}$ und die von Satz 4 der obige Satz 25. — Zunächst haben $\bar{r}$ und $\bar{\mu}$ denselben Definitionsbereich; $\bar{r}$ erfüllt also A_5'. Weiters ist für jedes $\mathfrak{M} \in \Lambda_\sigma$

$$(13) \qquad \bar{\mu}(\mathfrak{M}) = \inf \mu(\mathfrak{A}),$$

wobei $\mathfrak{A}$ die μ-meßbaren Obermengen von $\mathfrak{M}$ zu durchlaufen hat; dabei gilt wegen b)

$$(14) \qquad \mu(\mathfrak{A}) = \bar{r}(\mathfrak{A}) \geqq \bar{r}(\mathfrak{M}).$$

Aus (13), (14) folgt

$$(15) \qquad \bar{\mu}(\mathfrak{M}) \geqq \bar{r}(\mathfrak{M}).$$

Ferner ist nach (5)

$$(16) \qquad \bar{r}(\mathfrak{M}) = \inf r(\mathfrak{Q}),$$

wobei $\mathfrak{Q}$ die $\mathfrak{M}$ überdeckenden $\varkappa$-Summen zu durchlaufen hat.

---

[43] Ist $\mathfrak{Q} = \sum\limits_{\lambda} \mathfrak{A}_\lambda (\mathfrak{A}_\lambda \in \varkappa)$, so wird $\mathfrak{Q} - \mathfrak{A} = \sum\limits_{\lambda} (\mathfrak{A}_\lambda - \mathfrak{A})$, also eine $\varkappa$-Summe.

Da nach Satz 25 jede $\varkappa$-Summe μ-meßbar ist, ergibt (13), (16)

$$\bar{\mu}(\mathfrak{M}) \leq \bar{r}(\mathfrak{M}). \tag{17}$$

Aus (15), (17) folgt aber (12); $\bar{r}$ erfüllt also $A_5^{\bullet\bullet}$. Damit ist der Beweis beendet.

Insgesamt gilt also der

Satz 26. *Die Außenfunktion des R-Maßes eines volladditiven Inhalts ist ein gewöhnliches äußeres Maß.*

Ist insbesondere $i = m$ ein Maß, so wird $r = m$ und $\bar{r} = \bar{m}$. Auf diesen Sonderfall bezieht sich bereits der Satz 21.

Schließlich entspricht dem Satz 18 der

Satz 27. *Die für $\bar{r}$ meßbaren Mengen $\mathfrak{M}$ sind bereits dadurch gekennzeichnet, daß* **6** (1) *mit $\mu^* = \bar{r}$ gilt, falls $\mathfrak{L}$ die $\varkappa$-Summen durchläuft*[44]*:*

$$r(\mathfrak{Q}) = \bar{r}(\mathfrak{Q}\mathfrak{M}) + \bar{r}(\mathfrak{Q} - \mathfrak{M}) \qquad \text{für } \mathfrak{Q} \in \rho_\sigma. \tag{18}$$

Der Beweis verläuft analog zum Beweise von Satz 18. — Man hat zu zeigen, daß aus (1) die Gültigkeit von **6** (1) mit $\mu^* = \bar{r}$ für jedes $\mathfrak{L} \in \Lambda_\sigma$ folgt. Andernfalls gäbe es aber wegen $A_4^{\bullet}$ ein $\mathfrak{L} \in \Lambda_\sigma$, so daß

$$\bar{r}(\mathfrak{L}) < \bar{r}(\mathfrak{L}\mathfrak{M}) + \bar{r}(\mathfrak{L} - \mathfrak{M})$$

ist. Nach der Definition (5) von $\bar{r}(\mathfrak{L})$ gäbe es dann eine $\mathfrak{L}$ überdeckende $\varkappa$-Summe $\mathfrak{Q}$, so daß

$$r(\mathfrak{Q}) < \bar{r}(\mathfrak{Q}\mathfrak{M}) + \bar{r}(\mathfrak{Q} - \mathfrak{M})$$

ist, im Widerspruch zu (18). Damit ist Satz 27 bewiesen.

Ist der zugrundeliegende Inhalt i insbesondere ein Maß, so ergibt Satz 27 dasselbe wie Satz 18.

8. Erweiterung eines volladditiven Inhalts zu einem vollständigen Maße. Es ist nun leicht, die beiden folgenden Sätze von H. Hahn [45] neuerdings zu gewinnen.

Nach Satz 26 und 22 ist das zu $\bar{r}$ gehörige Maß μ ein vollständiges Maß mit der Schnitteigenschaft. Bildet man also zu

[44] Dabei kann man sich noch auf $\varkappa$-Summen endlichen R-Maßes beschränken.

[45] H. Hahn[5], XVIII, XXIII.

einem volladditiven Inhalt i das R-Maß r, dann dessen Außenfunktion $\bar{r}$ und schließlich das zu $\bar{r}$ gehörige Maß μ, so entsteht ein vollständiges Maß mit der Schnitteigenschaft; zugleich ist μ wegen Satz 25 und 7 (6) eine Erweiterung von r und damit von i. Dieses Erweiterungsverfahren werde der *V_1-Prozeß* genannt; es kann also im Gegensatze zum V-Prozeß (S. 19) nur an volladditiven Inhalten vorgenommen werden. Ist jedoch i insbesondere ein Maß, so stimmen der V- und der V_1-Prozeß überein; der folgende Satz 28 ist also eine Verallgemeinerung von Satz 23.

Satz 28. Führt man an einem volladditiven Inhalt i den V_1-Prozeß aus, so entsteht ein vollständiges Maß über i mit der Schnitteigenschaft.

Dieses Maß braucht aber nicht das kleinste vollständige Maß über i zu sein, wie schon die Bemerkung zu Satz 23 zeigt.

Das (eindeutig bestimmte) kleinste vollständige Maß M über dem volladditiven Inhalt i existiert sicher, wenn i die Zerlegungseigenschaft hat[46]. Da dann M ebenfalls die Zerlegungseigenschaft[46] und damit die Schnitteigenschaft hat, ist M das zur Außenfunktion $\bar{M}$ von M gehörige Maß (Satz 22). Da ferner $\bar{M} = \bar{r}$ gilt[46], muß $M = \mu$ sein. Es hat sich also folgendes ergeben:

Satz 29. Hat der volladditive Inhalt i die Zerlegungseigenschaft, so liefert der V_1-Prozeß das kleinste vollständige Maß über i.

Dieser Satz umfaßt den Satz 24. — Wendet man den V_1-Prozeß z. B. auf den elementaren Inhalt der Würfelaggregate einer monotonen Folge von Gittern des $\mathfrak{R}_n$ an, so entsteht nach Satz 29 das Lebesguesche Maß des $\mathfrak{R}_n$.

§ 4. Zusammenhang der inneren Inhalte mit den Inhaltsfunktionen sowie mit den äußeren Inhalten und Maßen.

9. Allgemeine innere Inhalte. Eine eindeutige reelle Mengenfunktion $\iota_*(\mathfrak{M}) = \iota_*$ heiße ein (*allgemeiner*) *innerer Inhalt*, wenn sie die folgenden vier Axiome erfüllt:

[46] O. Haupt-G. Aumann [1], S. 16—23. Insbesondere ist $\bar{M} = \bar{r}$. Im Falle $i = m$ geht dies in $\bar{M} = \bar{m}$ über, in Übereinstimmung mit dem Schlußsatze von [40].

B_1. *Der Definitionsbereich* Λ *von* ι_* *ist ein Mengenkörper.*

B_2. *Es ist* $\iota_* \geqq 0$, *ferner* $\iota_*(0) = 0$.

B_3. *Aus* $\mathfrak{L} \subset \mathfrak{M}$ $(\mathfrak{L}, \mathfrak{M} \in \Lambda)$ *folgt* $\iota_*(\mathfrak{L}) \leqq \iota_*(\mathfrak{M})$.

B_4. *Für je zwei fremde Mengen* $\mathfrak{L}$, $\mathfrak{M}$ *aus* Λ *ist*

$$\iota_*(\mathfrak{L} + \mathfrak{M}) \geqq \iota_*(\mathfrak{L}) + \iota_*(\mathfrak{M}). \tag{1}$$

Nach **1** a) bis d) *ist die Innenfunktion* $\underline{i}$ *eines Inhaltes i stets ein innerer Inhalt* ι_*[47].

Die Summenungleichung (1) kann unmittelbar auf endlich viele getrennte Mengen aus Λ erweitert werden. *Darüber hinaus ist jetzt* (im Gegensatze zum Verhalten von ι^*) *auch die Erweiterung auf abzählbar viele getrennte* $\mathfrak{M}_\lambda \in \Lambda$ *möglich, falls nur deren Summe* $\mathfrak{S}$ *zu* Λ *gehört:*

$$\iota_*(\mathfrak{S}) \geqq \sum_\lambda \iota_*(\mathfrak{M}_\lambda). \tag{2}$$

Liegen nämlich abzählbar unendlich viele $\mathfrak{M}_\lambda$ vor, so gilt nach B_3 und dem eben Bemerkten

$$\iota_*(\mathfrak{S}) \geqq \iota_*(\mathfrak{M}_1 + \dots + \mathfrak{M}_l) \geqq \iota_*(\mathfrak{M}_1) + \dots + \iota_*(\mathfrak{M}_l) \quad (l = 1, 2, \dots).$$

Bei $l \to \infty$ folgt hieraus (2). — *Hinsichtlich der Summenungleichung entspricht also ein innerer Inhalt bereits einem äußeren Maße.*

Ist ι_* ein innerer Inhalt, so sollen jene Mengen $\mathfrak{M} \in \Lambda$ *(für* ι_**) meßbar* heißen, für die bei beliebigem $\mathfrak{L} \in \Lambda$ gilt:

$$\iota_*(\mathfrak{L}) = \iota_*(\mathfrak{L}\mathfrak{M}) + \iota_*(\mathfrak{L} - \mathfrak{M}). \tag{3}$$

Ist ι_* *die Innenfunktion eines Inhalts i, so ist jede i-meßbare Menge zugleich für* ι_* *meßbar*, nach Satz 4[48]. Ist $\mathfrak{M}$ meßbar für ι_*, so werde auch $\iota_*(\mathfrak{M}) = \iota(\mathfrak{M})$ gesetzt. Als Mengenfunktion heiße $\iota(\mathfrak{M}) = \iota$ der *zu* ι_* *gehörige Inhalt*; dieser ist also auf einem Teil K von Λ definiert.

Im Gegensatze zum Verhalten von ι^* ist es jetzt ein Unterschied, ob (3) für alle $\mathfrak{L} \in \Lambda$ oder nur für die mit endlichem ι_* gelten soll. Ist z. B. ι_* die Innenfunktion $\underline{m}$ des Maßes m von M **1**, Beisp. 3, so muß der zu ι_* gehörige Inhalt ι mit m zusammenfallen, nach Satz 4 und 9, da m vollständig ist und die Teileigenschaft hat.

47 Daß das Umgekehrte nicht gilt, wird sich unten ergeben (Satz 37).

48 Daß das Umgekehrte nicht zu gelten braucht, zeigen bereits die Sätze 5, 8.

Unter den Mengen $\mathfrak{M}$, für die (3) bei beliebigem $\mathfrak{L}$ mit endlichem ι_* gilt, muß es nun solche geben, die nicht m-meßbar sind, nach Satz 10, da m die Schnitteigenschaft nicht hat; für diese kann dann (3) bei einem passenden $\mathfrak{L}$ mit $\iota_*(\mathfrak{L}) = \infty$ nicht mehr gelten. In der Tat ist $\mathfrak{M} = \mathfrak{A}_2$ eine solche Menge, wie man nachprüft (vgl. **2** (3)).

Da die Forderungen B_1, B_2, B_3 sich mit den Forderungen A_1, A_2, A_3 in **3** decken und auch die Meßbarkeit für ι_* wie bei ι^* definiert ist, kann man alle Folgerungen aus A_1, A_2, A_3 auf ι_* übertragen.

Auf Grund von B_1, B_2 gilt also wegen Satz 12 der

Satz 30. *Der zu einem inneren Inhalt ι_* auf Λ gehörige Inhalt ι ist stets eine additive Inhaltsfunktion*[49].

Enthält Λ eine größte Menge, so ist diese auch größte Menge des Definitionsbereiches von ι[50].

Weiters gilt auf Grund von B_1, B_2, B_3 wegen Satz 13 der

Satz 31. *Gehören die Teile einer jeden für ι_* meßbaren Menge zu Λ*[51], *so ist der zu ι_* gehörige Inhalt ι vollständig.*

Der Beweis des folgenden Satzes verwendet B_4.

Satz 32. *Es sei $\mathfrak{L} \subset \mathfrak{M}$ und $\iota_*(\mathfrak{L}) = \iota_*(\mathfrak{M})$; ferner sei dieser Wert endlich. Dann ist $\iota_*(\mathfrak{M} - \mathfrak{L}) = 0$*[52].

---

[49] Trotz der Gültigkeit von (2) braucht der Definitionsbereich von ι auch dann kein σ-Körper zu sein, falls Λ ein solcher ist; ι ist dann kein Maß. Dies zeigt schon der Jordansche innere Inhalt, wenn man die abschließende Bemerkung in **2** beachtet. *Satz 20 kann also auf ι_* nicht übertragen werden.*

[50] Würde man ein $\mathfrak{M} \in \Lambda$ „für ι_* meßbar" nennen, falls (3) bei beliebigem $\mathfrak{L}$ mit endlichem ι_* gilt, so würden diese „schwach-meßbaren" Mengen $\mathfrak{M}$ noch einen Körper bilden; *die Additivität des entsprechenden „Inhalts" braucht aber nicht mehr zu bestehen.* Z. B. sind für die eben betrachtete Innenfunktion des Maßes m aus M 1, Beisp. 3 alle $\mathfrak{M} \in \Lambda$ schwach-meßbar. Der entsprechende Inhalt im augenblicklichen Sinne ist also ι_* selber. ι_* ist aber nicht additiv, wegen $\iota_*(\mathfrak{A}_2 + \mathfrak{A}_3) = \infty$, $\iota_*(\mathfrak{A}_2) + \iota_*(\mathfrak{A}_3) = 0$.

[51] Vgl. [27].

[52] Der entsprechende Satz für ι^* gilt nicht. Ist z. B. ι^* der Jordansche äußere Inhalt des $\mathfrak{R}_1$, $\mathfrak{L}$ die Menge der rationalen Punkte aus $0 \leq x \leq 1$ und $\mathfrak{M}$ diese Strecke selber, so ist $\mathfrak{L} \subset \mathfrak{M}$, $\iota^*(\mathfrak{L}) = \iota^*(\mathfrak{M}) = 1$, ferner $\iota^*(\mathfrak{M} - \mathfrak{L}) = 1$. — Andererseits kann Satz 14 sichtlich nicht auf ι_* übertragen werden.

Wegen B_4 ist nämlich

$$0 = \iota_*(\mathfrak{M}) - \iota_*(\mathfrak{L}) = \iota_*[\mathfrak{L} + (\mathfrak{M} - \mathfrak{L})] - \iota_*(\mathfrak{L}) \geqq \iota_*(\mathfrak{M} - \mathfrak{L}) \geqq 0,$$

woraus man die Behauptung entnimmt.

Mittels dieses Satzes ergibt sich: *Sind* $\mathfrak{L}$, $\mathfrak{M}$ *fremde Mengen aus* Λ *und* $\iota_*(\mathfrak{L})$ *endlich, so ist*

$$\iota_*(\mathfrak{L} + \mathfrak{M}) > \iota_*(\mathfrak{L}), \text{ falls } \iota_*(\mathfrak{M}) > 0.$$

Nach B_3 ist nämlich zunächst $\iota_*(\mathfrak{L} + \mathfrak{M}) \geqq \iota_*(\mathfrak{L})$. Würde hierin aber das Gleichheitszeichen gelten, so wäre nach Satz 32

$$\iota_*[(\mathfrak{L} + \mathfrak{M}) - \mathfrak{L}] = \iota_*(\mathfrak{M}) = 0,$$

im Widerspruch zu $\iota_*(\mathfrak{M}) > 0$.

10. Gewöhnliche innere Inhalte und Inhaltsfunktionen. Der innere Inhalt ι_* heiße ein *gewöhnlicher innerer Inhalt*, wenn er noch das folgende Axiom erfüllt:

B_5. ι_* *stimmt mit der Innenfunktion* $\underline{\iota}$ *des zugehörigen Inhaltes* ι *überein.*

Dieses Axiom umfaßt also zwei zu den Forderungen $A_5^{(1)}$, $A_5^{(2)}$ (S. 17) analoge Forderungen $B_5^{(1)}$, $B_5^{(2)}$.

Analog zu Satz 15 beweist man den

Satz 33. Die gewöhnlichen inneren Inhalte und die Innenfunktionen der additiven Inhalte fallen zusammen.

Über die Art der zu den gewöhnlichen inneren Inhalten gehörigen Inhalte gilt:

Satz 34. Die zu den gewöhnlichen inneren Inhalten gehörigen Inhalte einerseits und die vollständigen Inhalte mit der Teileigenschaft andererseits fallen zusammen.

Der Beweis verläuft analog zum Beweise von Satz 16. Die Rolle der Schnitteigenschaft übernimmt jetzt die Teileigenschaft; an Stelle von Satz 6 und 7 tritt also Satz 8, bzw. 9.

Nach Satz 34 *fallen die gewöhnlichen inneren Inhalte und die Innenfunktionen der vollständigen Inhalte mit der Teileigenschaft zusammen.* Wegen Satz 33 *hat man also in den Innenfunktionen der vollständigen Inhalte mit der Teileigenschaft bereits alle Innenfunktionen überhaupt.*

Bildet man zu einem Inhalt i die Innenfunktion $\underline{i}$ und anschließend den zu $\underline{i}$ gehörigen Inhalt ι, so ist nach Satz 33 und 34 ein vollständiger Inhalt mit der Teileigenschaft entstanden; zugleich ist ι eine Erweiterung von i (nach Satz 4). Nennt man dieses Erweiterungsverfahren den *W-Prozeß*, so hat sich also folgendes ergeben:

Satz 35. *Führt man an einem Inhalte i den W-Prozeß aus, so entsteht ein vollständiger Inhalt über i mit der Teileigenschaft.*

Dieser Inhalt braucht aber nicht der kleinste vollständige Inhalt über i zu sein, da es nach Satz 3 völlständige Inhalte ohne die Teileigenschaft gibt.

Schließlich gewinnt man analog zu Satz 18 den

Satz 36. *Es sei* $\underline{i}$ *auf* Λ *die Innenfunktion irgendeines Inhalts* i *auf* $\varkappa$. *Die für* $\underline{i}$ *meßbaren Mengen* $\mathfrak{M}$ *sind bereits dadurch gekennzeichnet, daß* **9** (3) *mit* $\iota_* = \underline{i}$ *gilt, falls* $\mathfrak{L}$ *die i-meßbaren Mengen* $\mathfrak{A}$ *durchläuft:*

$$i(\mathfrak{A}) = \underline{i}(\mathfrak{A}\mathfrak{M}) + \underline{i}(\mathfrak{A} - \mathfrak{M}) \text{ für } \mathfrak{A} \in \varkappa.$$

11. Abhängigkeit der Axiome für ι_*. *Die Axiome* B_3, B_4 *sind eine Folge von* B_1, B_2, B_5, wie sich analog zum Beginne von **5** ergibt. *Ferner folgt* B_3 *auch unmittelbar aus* B_5.

Dagegen ist B_5 unabhängig von B_1 bis B_4, wie das folgende Beispiel 3 zeigt. *Hiernach gibt es innere Inhalte, die keine gewöhnlichen sind*, oder also wegen Satz 33:

Satz 37. *Es gibt innere Inhalte, die keine Innenfunktionen sind.*

Beispiel 3. Nach Satz 34 ist ein vollständiger Inhalt i mit der Teileigenschaft der zu seiner Innenfunktion $\underline{i}$ gehörige Inhalt, dabei ist $\underline{i}$ der einzige gewöhnliche innere Inhalt, für den i der zugehörige Inhalt ist. Ändert man also $\underline{i}$ so ab, daß die neue Funktion ι_* die Axiome B_1 bis B_4 erfüllt und i der zugehörige Inhalt bleibt, so kann i_* das Axiom B_5 nicht mehr erfüllen.

Nun ist das Maß m in **M 1**, Beisp. 2, ein vollständiger Inhalt, der die Schnitteigenschaft und damit die Teileigenschaft besitzt; ich bezeichne es jetzt mit i. Betrachtungen, die ganz analog wie die an **5** (1) angeschlossenen verlaufen, zeigen, daß es eine Änderung der eben beschriebenen Art ist, wenn man $\underline{i}(\mathfrak{A}_2)$ durch $\iota_*(\mathfrak{A}_2)=\frac{1}{2}$ ersetzt, während im übrigen $\iota_*=\underline{i}$ sein soll. Auf diese Weise entsteht

$$\iota_*(0)=0,\ \iota_*(\mathfrak{A}_1)=\infty,\ \iota_*(\mathfrak{A}_{23})=1,\ \iota_*(\mathfrak{A}_{123})=\infty,$$
$$\iota_*(\mathfrak{A}_2)=\frac{1}{2},\ \iota_*(\mathfrak{A}_3)=0,\ \iota_*(\mathfrak{A}_{12})=\infty,\ \iota_*(\mathfrak{A}_{13})=\infty.$$

Die so erklärte Funktion ι_* erfüllt also die Forderungen B_1 bis B_4, aber nicht B_5. In der Tat ist $\iota_*(\mathfrak{A}_2)$ nicht die obere Grenze der Inhalte der i-meßbaren Teile von $\mathfrak{A}_2$.

12. Zu äußeren Inhalten und Maßen gehörige innere Inhalte. Bildet man zu einem gewöhnlichen äußeren Inhalt ι^* auf Λ den zugehörigen Inhalt ι und dann dessen Innenfunktion $\underline{\iota}$, so entsteht nach Satz 33 und $A_5^{(1)}$ ein gewöhnlicher innerer Inhalt auf Λ; $\underline{\iota}$ heiße der *zu* ι^* *gehörige innere Inhalt.* Da ι nach Satz 16 vollständig ist und die Schnitteigenschaft, also erst recht die Teileigenschaft hat, ist ι nach Satz 34 auch der zu $\underline{\iota}$ gehörige Inhalt. Falls also ein gewöhnlicher innerer Inhalt ι_* zu einem gewöhnlichen äußeren Inhalt ι^* gehört, muß der zu ι_* gehörige Inhalt ι (über die Teileigenschaft hinaus) die Schnitteigenschaft haben; zugleich ist $\iota^*=\bar{\iota}$. Hat umgekehrt der zu einem gewöhnlichen inneren Inhalt ι_* gehörige Inhalt ι die Schnitteigenschaft, so ist ι, da ι auch vollständig ist (Satz 34), der zu einem gewöhnlichen äußeren Inhalt ι^* gehörige Inhalt (Satz 16); damit ist aber ι_* der zu ι^* gehörige innere Inhalt. Also gilt der

Satz 38. Ein gewöhnlicher innerer Inhalt ι_* ist genau dann der zu einem gewöhnlichen äußeren Inhalt ι^* gehörige innere Inhalt, wenn der zu ι_* gehörige Inhalt ι die Schnitteigenschaft hat. Trifft dies zu, so muß $\iota^*=\bar{\iota}$ sein.

Tritt an Stelle von ι^* insbesondere ein gewöhnliches äußeres Maß μ^*, so ergibt sich analog[53] der

Satz 39. Ein gewöhnlicher innerer Inhalt ι_* ist genau dann der zu einem gewöhnlichen äußeren Maß μ^* gehörige innere Inhalt,

[53] Die Rolle von Satz 16 übernimmt jetzt Satz 22.

wenn der zu ι_* *gehörige Inhalt* ι *ein Maß ist, das die Schnitteigenschaft hat. Trifft dies zu, so muß* $\mu^* = \bar{\iota}$ *sein.*

Zu einem gewöhnlichen äußeren Inhalt ι^* gibt es stets einen gewöhnlichen inneren Inhalt ι_*, so daß ι^* die Außenfunktion des zu ι_* gehörigen Inhalts ist. Um ein solches ι_* zu erhalten, hat man nur den zu ι^* gehörigen Inhalt ι zu bilden und $\iota_* = \underline{\iota}$ zu setzen; dabei wurde Satz 16 und 34 beachtet.

Um die Verbindung zu der von A. Rosenthal gewonnenen Kennzeichnung der „inneren Maße" Carathéodorys herstellen zu können, gebe ich noch den

Satz 40. *Der zu einem gewöhnlichen inneren Inhalt* ι_* *auf* Λ *gehörige Inhalt* ι *hat genau dann die Schnitteigenschaft, wenn folgendes gilt: Sind* $\mathfrak{L}$, $\mathfrak{M}$ *Mengen aus* Λ *mit*

(1) $$\iota_*(\mathfrak{L}) = \infty,\ (\iota_*\mathfrak{L}) \neq \iota_*(\mathfrak{L}\mathfrak{M}) + \iota_*(\mathfrak{L} - \mathfrak{M}),$$

so gibt es stets eine Menge $\mathfrak{L}_0 \in \Lambda$ *mit endlichem* ι_*, *so daß*

(2) $$\iota_*(\mathfrak{L}_0) \neq \iota_*(\mathfrak{L}_0\mathfrak{M}) + \iota_*(\mathfrak{L}_0 - \mathfrak{M})$$

ist[54].

Diese Bedingung ist sichtlich gleichwertig mit der folgenden: *Eine Menge* $\mathfrak{M} \in \Lambda$, *für die* 9 (3) *bei beliebigem* $\mathfrak{L} \in \Lambda$ *mit endlichem* ι_* *gilt, ist für* ι_* *meßbar.*

Hiernach gilt aber der Satz 40 wegen $\iota_* = \underline{\iota}$ und der Vollständigkeit von ι nach Satz 10 und 11.

13. Die äußeren und inneren Maße Carathéodorys.

Ein gewöhnliches äußeres Maß μ^* heiße ein *reguläres äußeres Maß (im Sinne Carathéodorys)*, wenn an Stelle von $A_1^{\prime}$ die stärkere Forderung $A_1^{\prime\prime}$ tritt und außerdem A_6 gilt:

$A_1^{\prime\prime}$. *Der Definitionsbereich* Λ_0 *von* μ^* *besteht aus allen Mengen eines metrischen Raumes* $\mathfrak{R}$.

A_6. *Für je zwei Mengen* $\mathfrak{L}$, $\mathfrak{M}$ *aus* $\mathfrak{R}$ *mit positivem Abstand ist*

$$\mu^*(\mathfrak{L} + \mathfrak{M}) = \mu^*(\mathfrak{L}) + \mu^*(\mathfrak{M}).$$

[54] Diese Bedingung ist das Rosenthalsche Axiom VII ([4], S. 319), übertragen auf unsere gewöhnlichen inneren Inhalte. — Für irgendeinen inneren Inhalt ι_* ausgesprochen verlangt sie, daß die für ι_* meßbaren und die für ι_* schwach-meßbaren Mengen[50] zusammenfallen.

Insgesamt soll also A_1'', A_2, A_3, A_4', A_5, A_6 erfüllt sein[55].

A_6 ist gleichwertig zu

A_6'. *Die offenen (oder gleichbedeutend die abgeschlossenen) Mengen aus $\mathfrak{R}$ sind für μ^* meßbar*[56].

Ist spezieller $\mathfrak{R}$ der n-dimensionale Euklidische Raum $\mathfrak{R}_n$, so ist A_6' (da die für μ^* meßbaren Mengen einen σ-Körper bilden) gleichwertig zu

A_6''. *Die offenen n-dimensionalen Intervalle sind für μ^* meßbar.*

Carathéodory legt seiner Maßtheorie den $\mathfrak{R}_n$ zugrunde, in der Darstellung durch H. Hahn ist $\mathfrak{R}$ irgendein metrischer Raum[57].

Sei μ^* ein reguläres äußeres Maß. Bildet man das zu μ^* gehörige Maß μ und dann seine Innenfunktion $\underline{\mu}$, so ist ein *inneres Maß im Sinne Carathéodory's* entstanden; dieses ist also der zu μ^* gehörige innere Inhalt im Sinne von **12**. Beachtet man Satz 33 und 39, ferner, daß unter der dort genannten Bedingung die für μ_* und für $\bar{\mu}$ meßbaren Mengen zusammenfallen, so ergibt sich unmittelbar der

Satz 41. *Eine Mengenfunktion μ_* ist genau dann ein inneres Maß im Sinne Carathéodory's, wenn sie die folgenden Forderungen erfüllt:*

a) *μ_* ist ein gewöhnlicher innerer Inhalt, der für jede Menge eines metrischen Raumes $\mathfrak{R}$ definiert ist.*

b) *Der zu μ_* gehörige Inhalt ist ein Maß mit der Schnitteigenschaft.*

c) *Die offenen Mengen aus $\mathfrak{R}$ sind für μ_* meßbar.*

Ist $\mathfrak{R}$ insbesondere der $\mathfrak{R}_n$, so kann an Stelle von c) auch A_6'' mit μ_* statt μ^* treten. Dagegen darf c) nicht durch A_6 mit μ_* für μ^* ersetzt werden, wie die Funktion μA bei Carathéo-

---

[55] Dabei ist A_3 entbehrlich (s. 6 Ende), ferner der erste Teil von A_2.

[56] Siehe C. Carathéodory[2], S. 241—46; H. Hahn[2], S. 430—32.

[57] Von der Forderung, daß μ^* einen endlichen, von 0 verschiedenen Wert annehmen soll, die Carathéodory in [2], S. 238, stellt, kann Abstand genommen werden, da sie nirgends eingeht; auch ist sie in der ursprünglichen Abhandlung (Göttinger Nachr. 1914) gar nicht gestellt. Vgl. auch H. Hahn[2], S. 424.

dory ([2], S. 365/6) zeigt. Diese erfüllt a) (mit $\mathfrak{R} = \mathfrak{R}_1$), b) und A_6, aber nicht *c*)[58].

Satz 41 deckt sich dem Wesen nach mit der von A. Rosenthal gewonnenen Charakterisierung der inneren Maße Carathéodorys, wenn man sich für die zweite der von Rosenthal in Betracht gezogenen Definitionen der Meßbarkeit entscheidet. Man gelangt genau zur Rosenthal'schen Charakterisierung ($\bar{A}$) ([4], S. 320), indem man in a) für $\mathfrak{R}$ den $\mathfrak{R}_n$ wählt, in b) die Schnitteigenschaft nach Satz 40 umschreibt und in c) die offenen Mengen auf die offenen Intervalle einschränkt (was im $\mathfrak{R}_n$ auf dasselbe hinauskommt).

Die Bedingungen von Satz 41 sind gleichwertig mit den folgenden:

1. μ_* *ist eine für jede Menge eines metrischen Raumes* $\mathfrak{R}$ *erklärte Mengenfunktion.*

2. *Als Funktion auf den „für* μ_* *schwach-meßbaren Mengen"* (vgl. [50]) *ist* μ_* *ein additives Maß* m.

3. *Es ist* $\mu_* = \underline{m}$.

4. *Die offenen Mengen aus* $\mathfrak{R}$ *sind für* μ_* *schwach-meßbar.*

Diese Forderungen sind zunächst erfüllt, falls μ_* die Forderungen des Satzes 41 erfüllt, da dann die meßbaren und die schwach-meßbaren Mengen wegen Satz 40 (s. [54]) zusammenfallen. Umgekehrt: Wegen 2), 3) ist m nach Satz 5 und 10 ein vollständiges Maß mit der Schnitteigenschaft (also erst recht mit der Teileigenschaft) und daher nach Satz 34 der zu einem gewöhnlichen inneren Inhalt $\mu_*^{\cdot}$ gehörige Inhalt. Wegen $\mu_* = \underline{m}$ und wegen 3) ist dann μ_* ein gewöhnlicher innerer Inhalt mit m als zugehörigem Inhalt. Da m die Schnitteigenschaft hat, erfüllt also μ_* die Forderungen a), b). Da ferner nach Satz 40 (s. [54]) die für μ_* meßbaren und die für μ_* schwach-meßbaren Mengen zusammenfallen, erfüllt μ_* auch c).

Mit $\mathfrak{R} = \mathfrak{R}_n$ und den offenen Intervallen an Stelle der offenen Mengen ist dies die Rosenthalsche Charakterisierung (A) ([4], S. 315) der inneren Maße Carathéodorys.

---

[58] Daß Carathéodory die Meßbarkeit im Sinne von [50] zugrunde legt, ist bei diesem Beispiel belanglos, da μA endlich ist.